たのしい XML

 図解とイラストでみるみるわかる！

屋内 恭輔 著

Microsoft、Windows、Internet Explorerは米国Microsoft Corporationの米国その他の国における登録商標です。
その他の会社名、商品名は関係各社の商標または登録商標であることを明記して、本文中での表記を省略させていただきます。

はじめに

　2000年から急にXMLという言葉がビジネスやインターネットの世界で聞かれるようになり、解説本や雑誌が数多く出版されるようになりました。けれども、まだまだHTMLに比べると一般的にはなじみが薄いですね。次のようなことを経験された方はいらっしゃいませんか？

- お客様から「お宅の会社ではXMLにどう対応しているのか」と聞かれて、「なっ、なんだ？ XMLって」と回答に困った。
- 最近の雑誌や本に「これからはXMLだ!!」と書かれているけど、現在のHTMLで作っているホームページはこのままでいいのか、またどうしたらいいのか不安。
- 学校の研究課題でXMLをやる、と言われて何から調べていいか困っている。
- 「うちの会社もITに本格的に取り組む。それにはXMLが重要だ!!」と上司に言われたものの、何から勉強してよいやら。
- 本屋に行くとたくさんのXMLの本があるけど、何から読んでいいかわからない。
- XMLって言葉だけはよく耳にするけど、それが自分に関係あるものなのかどうかよくわからない。

　「たのしいXML」は、より多くの人たちに、あまりしんどい思いをせずに、少しでもたのしくXMLのことを知っていただきたいと願って作ったXML初心者・入門者向けの本です。私自身は、長年SGML（本書で紹介しています）やXMLなどの応用システムの開発に携わっていましたので、お客様をはじめ色々な方々にご説明して、ご理解をいただく機会を数多く経験しているつもりです。そんな経験をもとに、初めての方がXMLを理解するのに必要だろうと思われることは少しくどいくらいに説明しています（規格等の厳密さから少し離れて説明していることもありますが…）。

　題材は、万葉集という、一見XMLとは関係のなさそうなものを使います。複雑な数値やビジネス的なテキストやデータは何も出てきません。皆様も良くご存知の歌も登場しますので、気楽にXMLに触れていただきたいと思います。イラスト（倉橋ルリ子さん）もたくさん入れて親しみやすく工夫しました。

　解説は、二人の万葉歌人「たけち」と「さらら」にお願いします。HTMLに少ししか触れたことのない「さらら」が「たけち」と話しているうちに次第にXMLについて理解していく様子も楽しんでください。

2001年5月
屋内恭輔

目次

- はじめに ……………………………………… 3
- 目次 …………………………………………… 4
- 登場人物 ……………………………………… 8

Part 1　XMLってなあに？ ……… 11

- Chapter 1.1　HTMLからXMLへ ……………………………… 12
- Chapter 1.2　ちょ〜（超）テキスト …………………………… 18
- Chapter 1.3　構造化テキスト …………………………………… 21
- Chapter 1.4　どうしてHTMLじゃだめなの？ ………………… 24
- Chapter 1.5　単純な「万葉集テキスト」じゃ、だめなの？ …… 26
- Chapter 1.6　「万葉集」をXML化するといいこと …………… 29

Part 2　構造化テキスト ………… 31

- Chapter 2.1　タグ付けってな〜に？ ……………………………32
- Chapter 2.2　構造化テキストってな〜に？ ……………………34
- Chapter 2.3　SGMLって、な〜に？ ……………………………36

Part 3　万葉集のDTDを作ってみよう……41

- Chapter 3.1　万葉集の歌の構造を考えましょう…………………………42
- Chapter 3.2　万葉集の目次構造……………………………………………44
- Chapter 3.3　万葉集の歌の構造……………………………………………47
- Chapter 3.4　属性……………………………………………………………53
- Chapter 3.5　DTDってな〜に？……………………………………………56
- Chapter 3.6　属性の定義の方法……………………………………………59
- Chapter 3.7　万葉集のDTDサンプル………………………………………64

Part 4　XMLの書き方（概説）……67

- Chapter 4.1　XMLによるWebページの構成……………………………68
- Chapter 4.2　XMLテキストの構成…………………………………………73

Part 5　XMLを書いてみよう……77

- Chapter 5.1　万葉集のXMLテキストを作る………………………………78
- Chapter 5.2　XMLテキストを
Internet Explorer 5.xで表示する ………………84

Part 6　XMLを表示してみよう　…87

- Chapter 6.1　XMLテキストをInternet Explorerで表示させる …88
- Chapter 6.2　msxml2（IE5.x）と
msxml3でのXSL対応機能の違い ……………90
- Chapter 6.3　ブラウザとmsxml3の準備……………………………94
- Chapter 6.4　XSLの書き方の基本……………………………………98
- Chapter 6.5　簡単なXSLを書いてみよう……………………………100

Part 7　XSLサンプル　………………105

- Chapter 7.1　歌の読みだけを表示（xsl:template）……………106
- Chapter 7.2　歌とイメージを表示（xsl:attribute）……………113
- Chapter 7.3　テキストの内容で表示を変える-1（xsl:choose）………122
- Chapter 7.4　テキストの内容で表示を変える-2（xsl:if）…………130
- Chapter 7.5　作者名順に表示する（xsl:for-each,xsl:sort）………137
- Chapter 7.6　リンクを設定する（xsl:attribute）………………145
- Chapter 7.7　番号を付ける（xsl:number）………………………151
- Chapter 7.8　XSLの切り替え　……………………………………158

Part 8　XPath（基礎編）………163

- Chapter 8.1　XPathってなぁに？……………………………………164
- Chapter 8.2　XPathのデータモデル…………………………………166
- Chapter 8.3　XSLとXPathの関係……………………………………169
- Chapter 8.4　カレントノード…………………………………………174

Part 9　XHTMLの基本構成…………177

- Chapter 9.1　XHTMLの基本形………………………………………178
- Chapter 9.2　XHTMLとテキストの拡張子（.xmlと.html）………181
- Chapter 9.3　XHTMLを表示する（xsl:copy）……………………184
- Chapter 9.4　XHTMLの基本的な表示の流れのまとめ……………187
- Chapter 9.5　namespaceってな〜に？………………………………190
- Chapter 9.6　namespaceを指定したXMLテキストの書き方………193
- Chapter 9.7　namespace（名前空間）に対応したXSLの指定………197
- Chapter 9.8　CSSだけでできること…………………………………205

Part 10　XMLをさらに勉強される方に　215

- Chapter 10.1　ドキュメント（文書）の表現形式 …………………………………216
- Chapter 10.2　Web Publishingのデータソース・配布データの表現形式 ……217
- Chapter 10.3　アプリケーション連携用のインターフェイス …………………219
- Chapter 10.4　データベースへのアクセス形式 …………………………………221
- Chapter 10.5　サーバーサイドのXML処理と最低限必要な知識 ………………222
- Chapter 10.6　その他の応用 …………………………………………………………224
- Chapter 10.7　XML関連標準 …………………………………………………………225

Part 11　付録 ………227

- Chapter 11.1　XML関連用語 …………………228
- Chapter 11.2　参考文献 …………………233

　　索引 …………………236

登場人物

「たけち」と「さらら」といっしょに、たのしくXMLを学びましょう。題材は、もちろん万葉集です。

たけちとさらら

本書で、ご一緒させていただく二人を紹介します。

こんにちは。「たけち」です。いきなり難しい本を読んで悩むより私たちとご一緒にXMLをたのしみましょう。年の割には(?)落ち着いているって言われます。年上のさららの行動力にはたじたじです…。

「さらら」です。毎日元気一杯です。馬に乗るのが大好きです。たけちには、たまには甘えることもあるけど…。

さらら(左)とたけち(右)

万葉集は、日本最古の歌集で全部で20巻、およそ4,540首あり、平城天皇の勅撰とも、大伴家持の私撰ともいわれています。しかし、「だれが」「何のために」「どのように」編纂したかは、実のところはっきりしていません。

　万葉集は最初から20巻あったのではなくて、もともと巻1と巻2の内容があって、これらにいろいろな歌集や歌の資料をもとに増えていったと考えられています。奈良時代の終わり頃にできたものと考えられます。

　本書に登場する「たけち」のモデルは高市皇子、「さらら」のモデルは持統天皇です。

高市皇子

　天武天皇の長男です。天武元年(672)の壬申の乱で最も活躍した人です。30歳くらいで、天智天皇の娘さんである御名部皇女と結婚して、長屋王と鈴鹿王の二人の子をもうけました。持統4年(690)、太政大臣となります。万葉集には三首載っています。

持統天皇

　万葉集と百人一首の「春過ぎて夏来るらし白妙の衣干したり天の香具山」の歌で有名です。持統天皇という名前は、後からつけられた名前で、もとは「う野讃良皇女」と呼ばれていました。「う野」も「讃良」も河内(今の大阪府の東半分あたり)の馬の飼育が盛んだったところと考えられ、う野讃良皇女もこの地と何らかの関係があったのではとも考えられています。

サンプルサイト

本書で紹介しているサンプルの動作や内容を確認できるように、以下のサイトを用意しておりますので、紙面と合わせてご利用ください。

http://www.sotechsha.co.jp/xml/

注) イラストについて:たけちとさららのイラストの原案は、梁依克基さんが作成されたものです。「たのしい万葉集」と「たのしいXML」で見ることができます。
『梁依克基の仕事部屋』(http://www.ctb.ne.jp/~siruby/)
『たのしい万葉集』(http://www6.airnet.ne.jp/manyo/main/index.html)
『たのしいXML』(http://www.cityfujisawa.ne.jp/~yanai/xml/index.html)

Part 1

XMLってなあに？

1 XMLってなぁに？

Chapter 1.1 HTMLからXMLへ

HTMLってなんとなく知っているけど、「XML」なんて言葉は初めて聞いたわ。

HTMLについて

　XMLは、HTMLの後継というイメージで捕らえられていることが多いですね。SGMLでうまく行かなかったことを反省に作られたWeb対応の新しいドキュメント形式と見ている人もいます。新しいデータの表現形式だと見ている人もいます。いろいろな見方や説明があるので逆に混乱している人もいるのではないでしょうか。

　理想的なXMLの定義や応用のための標準化などはその道のプロにお任せするにして、ここでは、まずは何を知っていればいいのかを軸にお話を進めて行きたいと思います。その上でXMLをどんな風に利用していったらいいのかを考えてみたいと思います。

　XMLの話をするためには、HTMLのことから入ってゆくのが比較的わかりやすいと思います。大切な関連事項はその都度お話をしましょう。では、さっそく二人にお話をしてもらうことにします。

ねぇねぇ、たけちぃ～。最近雑誌なんかでXMLってよく見るけど、XMLってなあに？私たちもXMLっていうものを知らなくちゃいけないの？

そっ、そうだね。じゃあ、そこから説明しなくちゃね。さららは、HTMLって知ってるだろ？

えっ。まっ、まあね。私たちがホームページを作るときに使っている「あれ」のことでしょ…。

HTMLは、「HyperText Markup Language」っていって、「ちょ～（超）テキストを書くためのテキストへの印（しるし）を付けるためのコンピュータ用の言葉」って言う意味なんだよ。HTMLについてはいろいろな本に書かれているし、さららも書いたことがあるだろうから、これについてはいいよね。

HTMLからXMLへ　1.1

うん（「ちょ〜（超）テキスト」ってなんだろ…？）
それはいいけど、そのXMLってなんなの？

HTMLとXML、そしてSGML

XMLは、「eXtensible Markup Language」の略で、「拡張可能なテキストへの印（しるし）を付けるためのコンピュータ用の言葉」っていう意味なんだよ。さっき説明したHTMLと、言葉だけで比べてごらん。似ているだろう？！

・HTML : "HyperText Markup Language"
・XML : "eXtensible Markup Language"

似ているのも当然で、実はHTMLもXMLもSGMLっていうコンピュータでテキストを扱うための言葉が元になっているんだ。

へっ？　あ〜ん。三つも言葉が出てきて、わかんない!!

HTMLとXMLは兄弟（親はSGML）

これらはみんな、いろいろな情報をわかりやすく表現するために考え出されたコンピュータ用の言葉なんだよ。じゃあ、SGML、HTML、XMLの関係を図にしようね。
もともとは、コンピュータによる出版や文書データの交換を効率的に行うためにSGML（Standard Generalized Markup Language）ってのが考え出されたんだ。
その後、インターネットを通じて情報をみんなで見るためにHTMLが考え出されたんだ。そのおかげでインターネットによる情報発信が急速に発展してきたね。
そこで、もうSGMLじゃ今の時代に合わないからと、SGMLをインターネットの時代の合うように変更したものがXMLなんだよ。

1 XMLってなぁに？

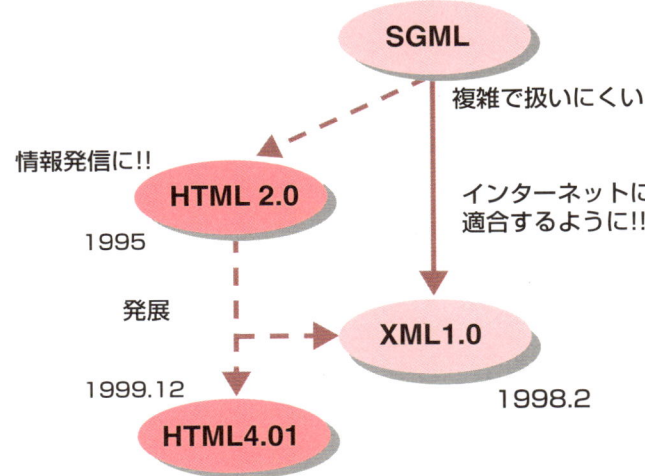

HTML：ISO 8879(SGML)に適合したWeb用のドキュメント表現形式

XML：SGMLの複雑さを取り去り、HTMLのWebへの適用性を考えて作られた国際規格

図1-1　SGMLからHTML、XMLへと発展

ふぅ～ん。そうなんだ…。マークアップってなぁに？

**あっ。マークアップって、テキストなんかに「目印」をつけることをいうんだ。**

あっ、そうなの…（でも「目印」つけてどうするんだろ？…）。

**いい？　じゃぁ、もうSGMLって言葉は少しの間忘れてもいいよ。しばらくは、HTMLとXMLだけしか出てこないからね。**

ほんと!!　ちょっと安心…。

HTMLからXMLへ　1.1

HTMLはXHTMLへ

HTMLとXMLは兄弟みたいな感じってわかったよね。

うん（でも、「ちょ〜（超）テキスト」ってなんだろ？　やっぱりわかんない…）。

インターネットを通じて情報をみんなで見るためにHTMLが考え出されて、HTMLのおかげでインターネットによる情報発信が急速に発展してきたね。
そうして使っているうちに、みんながHTMLを利用してもっともっと色んなことをやりたくなったんだ。でも、HTMLだとできないことがいっぱいあるんだよね。だから、これからの色々な情報の活用ができるようにHTMLを定義しなおしたものがXHTMLなんだよ。

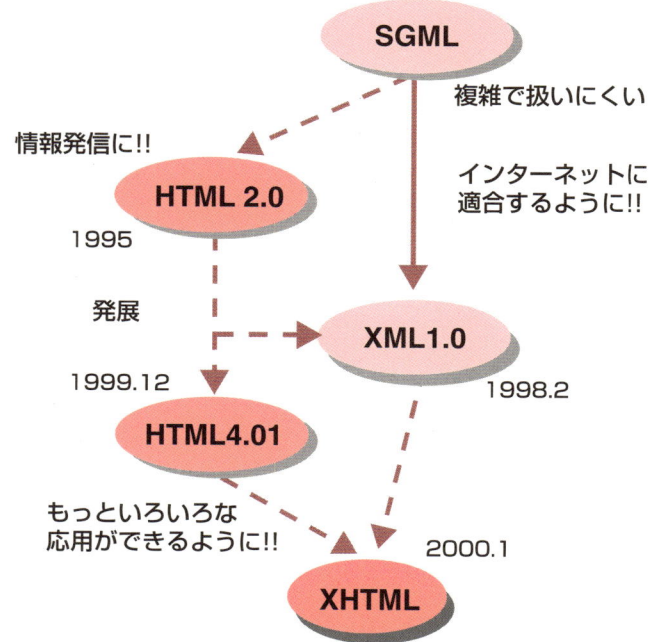

XHTML: XML 1.0に合致するようにHTML4.01を定義しなおしたもの

図1-2　HTMLからXHTMLへ

1 XMLってなぁに？

ふぅ～ん。そうなんだ…。じゃあ、いまHTMLで書いている私たちのページも、そのXHTMLに書き換えないといけないの？　なんだか、面倒だわね。

まぁまぁ、ちょっと待って。確かにXHTMLがでてきたけど、すべての人がいますぐにそれに従わなくちゃいけないってことはないんだよ。すぐにHTMLが使えなくなくなるわけでもないし、固定的な（あまり変化のない）情報の発信にはHTMLで十分だものね。

ほんと!!　あぁ、よかった～。

これまでは、なじみの無い言葉の説明ばかりになって、あんまり面白くなかったかもしれないね。いまからは、さららが気になっている、単純なテキストと「ちょ～（超）テキスト」の話をしようね。

うん!!（どっ、どうして？　顔に書いてあったかしら…）

TIPS XHTMLの発展

2000年1月にXHTML 1.0がW3C勧告となってから、モジュール化が検討され、2000年12月にXHTML Basicが勧告となり、2001年4月にXHTML 1.1-Module-based XHTMLが勧告案となりました。モジュール化によって、携帯端末やテレビその他のさまざまな機器や応用に適したXHTMLを定義して使うことができるようになります。XHTMLのモジュール化についての仕様は、Modularization of XHTML（2001年4月10日勧告）で説明されています。

"XHTML Basic"は、コアモジュール（html, head, body, p, div, dl, ol, ul, h1,h2など）やフォームモジュール（form, input, label, selectなど）などをサポートするモバイル用途のXHTMLです。

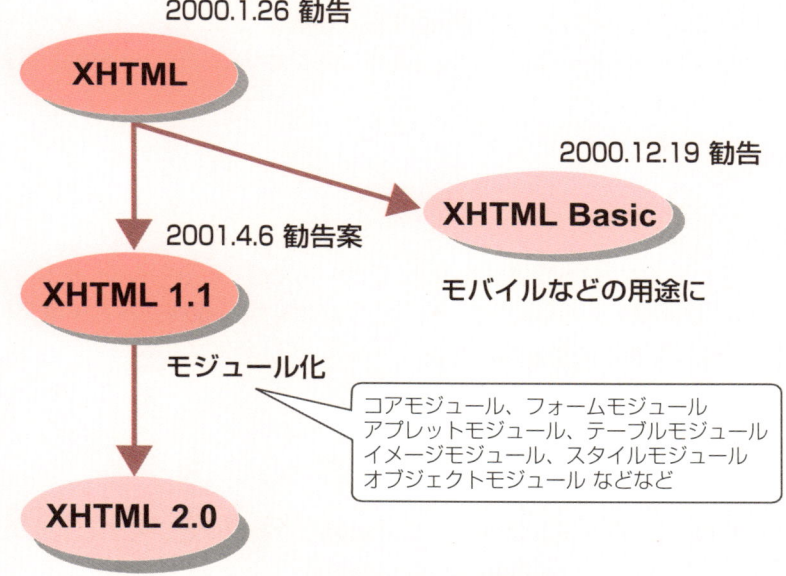

図1-3　XHTMLの発展

XHTML 1.1 - Module-based XHTML
http://www.w3.org/TR/xhtml11

Modularization of XHTML
http://www.w3.org/TR/xhtml-modularization

XHTML Basic
http://www.w3.org/TR/xhtml-basic

1 XMLってなぁに？

Chapter 1.2 ちょ〜（超）テキスト

HTMLの場合だと、<A HREF="url">でリンクをしているわね。

HTMLとの違い

最初にHTMLは「HyperText Markup Language」っていって、「ちょ〜（超）テキスト」を書くためのテキストへの印（しるし）を付けるためのコンピュータ用の言葉って言ったよね。

うっ、うん…。

「ちょ〜（超）テキスト」って言ったのは、このHyperText（ハイパーテキスト）のことなんだ。これは、テキストにある特別な印（しるし）をつけて、テキストとテキストの間にリンクを張るようにしたもののことなんだ。

う〜ん。もっと具体的に言ってくんなきゃわかんないよ〜!!

あっ、ごめんね。「テキスト」は文字だけの情報のことだけど、これにはわかるよね。

うん。Windowsの「メモ帳」なんかで入力する、文字や文章のことね。

そうそう（よかった）。で、さららはHTMLをメモ帳で見たことがあるよね。

うん。文章の間に時々、<H1>とか<P>とか、<A HREF="http://www.manyo.com">とかの文字が入っているわ。ただ使えればいいって、あんまり深くは考えたことなかったわ。これって何なの？

リンクを表す <A HREF="xxxxx">

うん。それが、テキストにつける特別な印（しるし）で、HTMLの場合は、<a href="xxxxx">が別のテキストへの「リンク」を表すんだよ。
実際には、どのテキストが別の「リンク」を表しているかを示すために、<a href="xxxxx">という印と</a>という印で囲むんだ。図で説明するね。

これはリンクの
<a href="http://www6.airnet.ne.jp/manyo/xml/sample1-1.html">サンプル</a>
です。

リンクを表す印（しるし）
リンクの情報はここから
はじまりますよ!!

リンク先はここです!!

リンクの情報が人に
分かるように示すテキスト

リンクの情報はここまで!!

図1-4　HTMLでのリンクの表し方

上の通りに書いてInternet Explorerなどで開いてそのテキストをクリックすると、指定されたリンクの先のテキストが表示されるよね。

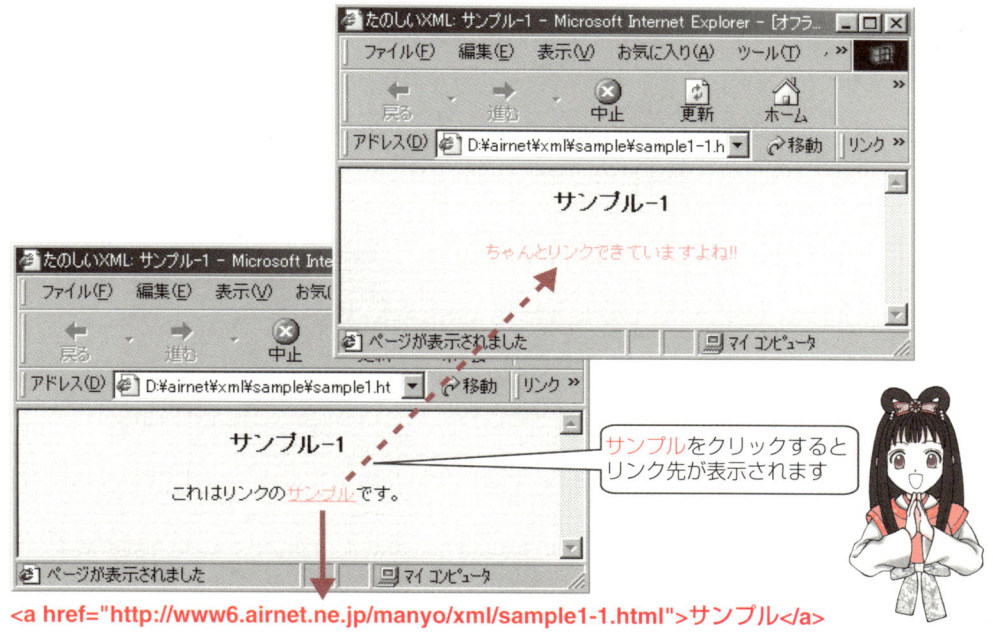

サンプルをクリックすると
リンク先が表示されます

<a href="http://www6.airnet.ne.jp/manyo/xml/sample1-1.html">サンプル</a>

図1-5　リンクの動作説明の図

1 XMLってなぁに？

 そっか〜。みなさんのホームページ同士はこんな風につながっているのね!!　なんとなくだけどわかったわ。

 よかった…（ほっ）。

 こういう、「テキストにつける特別な印（しるし）」を「タグ」って言って、「構造化テキスト」を表現するために考え出されたんだ…。

 えっ？？

 （しっ、しまった…）

Chapter 1.3 構造化テキスト

「HTMLも一種の構造化テキスト」ってたけちは言うけど、HTMLだと表現できることが限られているようだわ。

単純テキスト

ねぇ、たけち。最初っからあんまり難しいことは言わないでよね。

うっ、う～ん。どうしようかなぁ…？　じゃあ、万葉集のテキストを例にとって説明するね。次のテキストを見てくれる。万葉集の一部なんだけど。

うん。あら、私の歌ね。

これは文字だけだから「テキスト」だって前回言ったよね。

あっ、そうそう（そうだったっけ…）。

万葉集テキストの一部（単純テキストの場合）

藤原宮御宇天皇代　高天原廣野姫天皇　元年丁亥十一年譲位軽太子　尊号曰太上天皇　天皇御製歌
春過而　夏来良之　白妙能　衣乾有　天之香来山
春過ぎて夏来るらし白栲の衣干したり天の香具山

1 XMLってなぁに？

構造化テキスト

じゃあ、次のテキストを見てくれる。

なんだか、HTMLみたいな感じね。これが、「構造化テキスト」なの？

うん。HTMLだって一種の「構造化テキスト」なんだよ。「構造化テキスト」って、テキストを色々な参照の仕方をする上で重要な項目を識別できるようにしたテキストを言うんだ。さららの歌の例では、歌をひとつのunitにして、preface（題詞のつもり）、poem-body（歌の本文）に分けて歌の構造を表現してみたんだ。次の図に載せておくね。

万葉集テキストの一部（構造化テキストの場合）

```
<poem-unit>
<preface>藤原宮御宇天皇代　高天原廣野姫天皇　元年丁亥十一年譲位軽太子　尊号曰太上天皇　天皇御製歌
</preface>
<poem-body>
   <genbun>春過而　夏来良之　白妙能　衣乾有　天之香来山</genbun>
   <yomi>春過ぎて夏来るらし白栲の衣干したり天の香具山</yomi>
</poem-body>
</poem-unit>
```

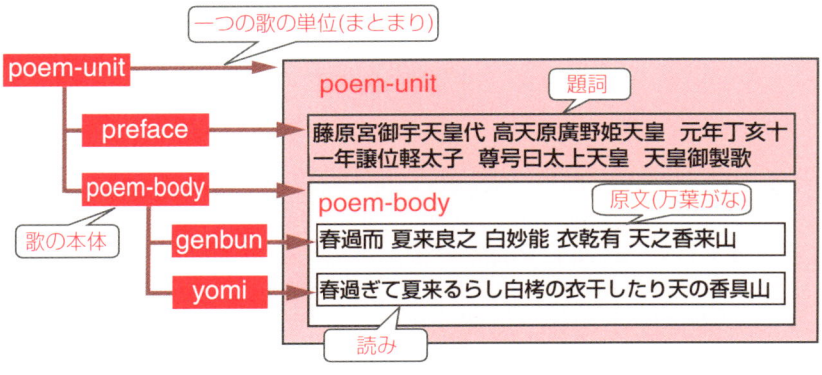

図1-6　さららの歌の構造を考えてみます

1.3 構造化テキスト

構造化テキストかぁ。図で見てみるとなんとなくだけど、わかったわ。

この例で使っている、<preface>とか<yomi>の「テキストを識別するためにつける特別な印（しるし）」を「タグ（tag）」って言うんだ。こうして、テキストを表現しておくといろいろと便利なことがあるんだよ。

でも、たけちは、「HTMLも構造化テキスト」だって言ったわよね。でも、今の例はたまたまなのかも知れないけど、HTMLとはずいぶん違う感じもするし、ただ「タグ」の名前を変えただけのような気もするけど。こうすると何がいいのかよくわからないわ…。

そうだね。じゃあ、次はそのあたりについてお話しようね。

注1）このページでは、一般的に「構造化ドキュメント（structured document）」と言われていることについて説明をしています。ただ、対象を、万葉集、続日本紀などの古典テキストとしていますので、ここでは「構造化テキスト」という言葉を使っています。

注2）「タグ（tag）」は、商品などについている「値札」「荷札」のようなものを想像していただけると良いでしょう。

Chapter 1.4 どうしてHTMLじゃだめなの？

HTMLだと歌の構造を素直に表現できないけど、XMLだとできるような気がするわ。

歌の構造（さららの歌の例）

じゃあ、さっきの万葉集のさららの歌を例にとって説明するね。もう一度、歌の構成を見てごらん。

うん。題詞と原文と読みがそれぞれ、preface, genbun, yomiで区別されているのね。

そうそう。そこまでわかっているんだったら、あんまり説明の必要はないように思うなぁ〜。ねぇ、じゃあ。これをHTMLのタグで表わしてごらん。

えっ、そっそんな難しいこと言わないで…。

HTMLで表せる歌の構造

歌の構造を表せそうな段落・注・引用などのHTMLのタグにはどんなものがある？

それなら少し知ってるわ。H1、H2とかPとか、箇条書きのULやOL…

DIVや引用のCITEってのもあるね。次に載せておくね。

・見出しを表すタグ　　　H1, H2, H3, H4, H5, H6（H1が一番大きい見出しです）
・段落などを表すタグ　　P, DIV, BLOCKQUOTE, CITE, UL, OL, DLなど

1.4 どうしてHTMLじゃだめなの？

あら、HTMLのタグって沢山あると思ってたけど、意外に少ないのね。
それに、POEMとかPREFACEなんてのは無いのよね。そうでしょ。

うん。あとはレイアウトや文字のスタイルなどに関係するものばかりだね。これだけじゃ、どれが「題詞」なのか「原文」や「読み」なのかは区別をつけられないよね。

HTMLにある今のタグだと、単純な歌の構造なんかも表現できないってわかったわ。だったら、HTMLにそういうタグを追加すればいいんじゃないの？ 実をいうと、ずっ～とそれがひっかかってたの。

そこなんだよ。それができなかったんだよ。これまで実質上、HTMLはNetscape NavigatorとMicrosoft社のInternet Explorerのためのテキスト表現形式になっちゃってたよね。だから、みんなが手を出せなかったんだよ。

あっ、そうかぁ。わかったわ！　それでこの前からたけちが言っている「構造化テキスト」の表現にXMLを使おうっていうのね。それは国際的な標準だし、みんなで使えるわよね。もっと早く言ってくれればよかったのにぃ～。

そっ、そうだったんだね。ごめんごめん…。つまり、HTML 4.01をXMLで再定義したXHTMLは構造化テキストをもっと自由に扱えるようにって、できたんだね。それに、Microsoft社もInternet ExplorerでXMLをサポートし始めたので、ますますそういうことがやりやすくなってきたんだ。実際は、XHTMLを含めてまだまだ足りないことがあるけど…。

どうしてXMLかは、だいたいわかったわ。でも、もっと詳しく、具体的な使い方や例を教えてほしいわ。

そうだね。じゃあ、XMLによる構造化テキストの作り方や表示の仕方について少しずつお話ししていこうね。

は～い!!

1 XMLってなぁに？

Chapter 1.5

単純な「万葉集テキスト」じゃ、だめなの？

歌の検索について考えてみても、単純なテキストよりもXMLで構造化した方がいろいろと便利だと思うわ。

XMLは検索性に優れた言語

ここからは、もう少し具体的な例として、万葉集などの古典文学のテキストをXMLにすると何がいいのかをお話ししながら、XMLのいいところを考えてみようね…。

うん。でも、まだまだXMLだけでなくって、構造化テキストなんかについてはわからないこととかあるから、そっちもよろしくね。

そうだね。わからないところは元に戻りながらでも、いっしょに勉強を続けていこうね。

ねぇ、たけち。でもねぇ…。万葉集はすでにいろんな人たちが電子テキストを作ってくださっているから、内容を見るにはそれで十分だと思うんだけど。
それに、必要なことを探したければメモ帳なんかのテキストエディタ（テキスト編集用のソフト）で「検索」できるじゃない!? 例えば、「額田王（ぬかたのおおきみ）」の歌を知りたければ、「検索する文字列」に「額田王」って指定すれば見つかるじゃない…。そうでしょ。それ以前は、本を全部読んで探してたけど、これならずっ〜と早くて、間違いも無いし。便利だわよね。

うん。確かに、さららの言うとおりだけど、もっと別の場合を考えてみようよ。う〜ん。じゃぁねぇ。「明日香」が詠まれている歌を探してごらん。

1.5 単純な「万葉集テキスト」じゃ、だめなの？

> **TIPS　万葉集の電子テキスト**
>
> 万葉集の電子テキストは情報処理語学文学研究会（JALLC）によって配布されているテキストアーカイブの内で提供がされています。
> 山口大学教育学部の吉村誠先生が公開されている万葉テキストには、すでに歌ごとに、作者・天皇名・地名・草花・歌の区別などがキーワードとして掲載されていて、すぐれた万葉集テキストとなっています。以下のURLからダウンロードが可能です。
>
> URL : http://kuzan.f-edu.fukui-u.ac.jp/jal_ftp2.htm#manyo
>
> 山口大学教育学部の吉村誠先生のページ
> URL : http://yoshi01.kokugo.edu.yamaguchi-u.ac.jp/manyou/manyou.html

あら、そんなの簡単だわ。万葉集のテキスト（第1巻）を開いて…「明日香」で「検索」すればいいのよね…。あら、7番の歌が最初に見つかったけど、これって違うわね。

これは、「明日香川原宮御宇天皇代」って載ってて「斉明天皇（さいめいてんのう）の時代」のことだよね。歌そのものの内容は「明日香」とは違うよね。

　　秋の野のみ草刈り葺き宿れりし宇治の宮処の仮廬し思ほゆ

うっ、う～ん。そうね。

続けて検索してみるとわかるけど、「明日香」には、この他にも「明日香宮御宇天皇（天武天皇）」、第二巻には「明日香皇女（あすかのひめみこ）」が登場するんだ。もちろん、地名としての「明日香」もでてくるよ。

1 XMLってなぁに？

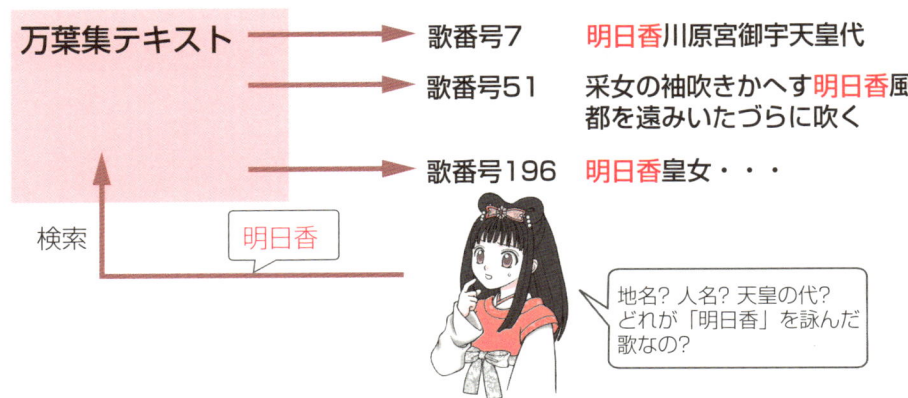

単純なテキストだと内容の区別を「人」がしなくてはなりません

図1-7　単純なテキストからの検索結果

そうかぁ…。そう言われるとそうだわね。あんまり深くは考えて無かったわ…。
じゃあ、もっと確実に調べられるようにするにはどうしたらいいのかしら。今、調べたかったのは「地名」としての「明日香」なんだけど、「天皇の代」としてや「人名」としての「明日香」が出てきちゃったのよね…。あっ、そうかぁ!!

あっ、わかっちゃったみたいだね。そうなんだ。おなじ「明日香」でも、「人名」なのか「地名」なのかなどを区別できればいいんだよね。それには…。

XML！

そう！　もちろんXML以外によるデータベース化の方法もあるけれど、ここではXMLについて考えてみようね。次は、万葉集のXML化（XMLで表現しなおす）によって便利と思われる点をもう少し整理してみようね。

Chapter 1.6 「万葉集」をXML化するといいこと

検索だけじゃなくって、いろいろな表示をしたり、他の歌集との比較なんかもできておもしろそう。

比較にも便利なXML

「万葉集」をXML化すると、検索がしやすくなるってことを「(地名としての)明日香」を詠んだ歌を探すことを例にお話したよね。

うん。それ以外にもなにかいいことあるのかしら。

そうだね。それ以外にもいろいろと考えられそうなんだ。ただ、実際にそのいいことを得るためには、単に「万葉集や関連する古典をXMLテキストで作成しなおす」だけじゃなくって、それぞれの目的に応じたソフトウェアを作らなくてはいけないんだ。
じゃぁ、ちょっと思いつくものをリストしてみるね。さららも何か思いついたら言ってみてね。追加しておくから。

1 XMLってなぁに？

「万葉集」などをXML化するといいこと
　　　　（みなさんも考えてみてくださいね）

検索がずっと便利になる
- 万葉集で大伴家持が詠んだ萩の歌を検索する
- 万葉集、古今和歌集…で梅と雪を詠み込んでいる歌を検索する
- 万葉集で大伴家持が坂上大嬢に贈った歌を検索する
- 万葉集で大伴家持が詠んだ萩の歌で、年月がわかっているものについて、該当年月の続日本紀で大伴氏の記事を検索する

いろいろな表示ができる
- 原文だけを表示する
- 特定の歌人の歌だけを表示する
- 上で述べたいろいろな検索結果を検索条件を色づけして表示する
- 検索した結果を年代順に表示する

いろいろな歌集の比較ができる
- 万葉集、古今和歌集、新古今和歌集…で桜の歌の数を比べてみる

そうねぇ…。いっぱい色々なことができそうね。でも、それってそのためのプログラムを作んなくちゃいけないのよね。

それはそうだけど、こういうことができたら、もっと多くの人に万葉集や和歌集・古典なんかを楽しんでもらえるんじゃないかなぁ。

Part2

構造化テキスト

2 構造化テキスト

Chapter2.1 タグ付けってな〜に？

タグを付けるっていっても、見栄えのために付けるタグと論理的な意味付けのために付けるタグとでは、ずいぶんと違うのね。

タグ付けの考え方

タグ付けって、<h1>とか<p>とかの「テキストの前後に付ける特別な印（しるし）」を付けること、だったわね。それがわかっていればいいんじゃないの？

もちろん、それがわかっていればいいんだけど、「タグ付け」って一言で言ってもいろいろな考え方があるから…。

えっ、いろいろな考え方って!?

じゃぁ、次の図を見てくれる？　一番上は、単純テキスト（プレーンテキスト）で、なんにもタグがついていないもの。下の二つが、タグを付けたテキストなんだけど、その考え方の違いがわかるかな？

2.1 タグ付けってな～に？

単純テキスト（プレーンテキスト）

```
たのしいXML
目的
多くの人にXMLをたのしく知っていただきます。
XMLってなあに？
XMLは、"eXtensible Markup Language"って言って、"拡張可能なテキストへの印(しるし)を
付けるためのコンピュータ用の言葉"って言う意味です。
```

↓

タグがついたテキストの例（見栄えに着目してタグをつけた例）

```
<フォント 大きさ="20ポイント">たのしいXML</フォント>
<フォント 大きさ="16ポイント">目的</フォント>
多くの人にXMLをたのしく知っていただきます。
<フォント 大きさ="16ポイント"> XMLってなあに？ </フォント>
XMLは、"eXtensible Markup Language"って言って、……
```

タグをつけるといっても、いろいろなつけ方があるのね

↓

タグがついたテキストの例（論理的な意味に着目してタグをつけた例）

```
<タイトル>たのしいXML</タイトル>
<項目>目的</項目>
<本文>多くの人にXMLをたのしく知っていただきます。</本文>
<項目> XMLってなあに？ </項目>
<本文> XMLは、"eXtensible Markup Language"って言って、…… </本文>
```

タグは、説明のためにここで暫定的につけたもので何らかの標準を適用したものではありません。
このままのテキストをブラウザで表示しても期待されるような表示はされません。

・図2-1 情報のタグ付け

ひとつは、「見栄えに着目してタグを付けた」もので、もうひとつは、「論理的な意味に着目してタグを付けた」場合なのね…。そっかぁ～。タグを付けるには「名前」が必要だけど、その名前の付け方がいろいろあるってことなのね。

そうなんだよね。で、「見栄えに着目してタグを付けた」テキストは、論理的な意味を持っていないから、構造化テキストってわけじゃないんだよね。

えっ、どっ、どうして？

2 構造化テキスト

Chapter2.2 構造化テキストってな～に？

HTMLって、考えてみると見栄えに着目したタグが多いのに気がつくわ。

論理的な構造に着目してタグ付け

図にしてみるとわかりやすいんだけど、「見栄えに着目してタグを付けた」テキストでは、そのタグだけを見ても構造が見えてこないよね。でも、実際に文字の大きさが違うものを見たりすると、ぼくたちにはその論理的な構造がわかるよね…。これは、どうしてだと思う？

う～ん…ちょっと図をよく見させてね…。

見栄えに着目してタグ付けしたテキスト
- フォント 大きさ＝"20ポイント"
- フォント 大きさ＝"16ポイント"
- フォント 大きさ＝"16ポイント"

↓ フォントタグが理解できるソフトで表示すると…

たのしいXML
目的
多くの人にXMLをたのしく知っていただきます。
XMLってなあに？
XMLは、"eXtensible Markup Language"って言って、"拡張可能なテキストへの印(しるし)を付けるためのコンピュータ用の言葉"って言う意味です。

論理的な意味に着目してタグ付けしたテキスト
- タイトル
- 項目
- 本文
- 項目
- 本文

これならぼくにもわかる！

文字の大きさとテキストの内容で、論理的な意味を理解できるね

ぼくには論理的な意味がわかんないや

見栄えに着目してタグ付けしたテキストと
論理的な意味に着目してタグ付けしたテキストの違い

図2-2　論理的構造を意識したタグ付け

2.2 構造化テキストってな～に？

…あっ、そうだったのね。私たち「人」は、文字の内容と大きさなんかで「あぁ、これはタイトルなんだわ」って自分の頭の中で「構造化」してたのね。

そうそう。そうなんだね。だから、コンピュータのソフトウェアでも僕たちが意識するような「論理的な構造」をタグ付けテキストとして作ってあげれば、ソフトウェアで処理することがとっても簡単になるんだ。
いまでもそうだけど、ワープロソフトなんかでは、この「論理的な意味に関する情報」と「見栄えに関する情報」がごちゃ混ぜになっているんだ。でも、XMLテキストを作ったり、利用したりするときにはこの二つをきちんと分けて考えることが必要なんだよ。

そうだったのね。たけちが言っている「構造化テキスト」っていうのは、コンピュータにも「論理的な構造」が理解できるタグ付きテキストのことなのね。それで、XMLの利用を考えるときには、それがとっても大切だって事なのね。

そうなんだ。だから、XMLだと自分で自由にタグを定義できるけど、そこには「見栄え」を意味するタグは入れないようにしようね。

うん。

2 構造化テキスト

Chapter2.3 SGMLって、な〜に？

XMLの元になったSGMLって、使うのが難しかったのね。XMLはず〜っと簡単でいて欲しいわ。

SGMLとXML

ねぇ、さらら。XMLは構造テキストだって話をしたけど、XMLの元になったものって何だったか覚えてる？

あっ、うっ…なっ、なんだったっけ。

あっ、いいんだよ。ちょっとからかってみただけ。**SGML**ってのがあったんだね。

あっ、そうそう。最初に聞いたんだったわね。きょうはそのお話なの!?

SMGLは、いろいろなワープロやソフトウェアで作成されたドキュメント（文書）をできるだけ簡単に交換できるようにと考えられたものなんだ。

あら、ワープロ同士で交換ができなかったの？

もちろん同じワープロで作ったドキュメントはそのまま交換できたけど、違う会社の作ったワープロで作ったドキュメントはそのままでは交換できなかったんだ。交換のためのソフトウェアも作られたけど、100パーセント完全には交換できなかったんだ。

2.3 SGMLって、な〜に？

へぇ〜。そうなんだ…。SGMLだと100パーセント交換できるの？

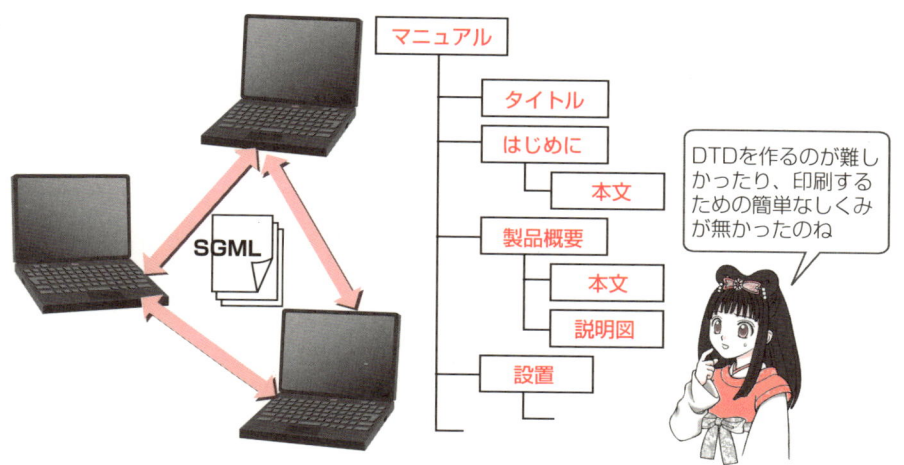

DTDを作るのが難しかったり、印刷するための簡単なしくみが無かったのね

図2-3　SGMLによるドキュメント交換

それが、そうじゃないんだ。

えっ、どっ、どうして？

ドキュメントの「論理的な構造」を交換しようとしたのがSGMLなんだ。だから、「見栄え」については、ねっ。つまり、SGMLは「論理的な構造」に着目して作ったタグ付きのテキストを作るための規格なんだ。

あっ、そうなんだぁ。じゃあ、ドキュメントの50％が交換できるってことなのね！

あっ、うっ…（ちっ、違うんだけど）。

でも、どうして構造化テキストを表せるSGMLがXMLにとってかわられたの？SGMLってどうなったの？

2 構造化テキスト

SGMLの代表的な応用としては、航空機や自動車などのマニュアルなどのドキュメントを作成・配布することが考えられ、そのために色々な応用規格が考えられ、企業もSGMLへの取り組みをしようと試みたんだね。特に米国で始まった活動が日本へも波及してきたんだ。

へぇ〜。なんだか大掛かりな印象を受けるわね。

そうした活動に引きづられて、企業からマニュアルなどの制作を受注している印刷会社にマニュアルなどのSGML化の指示が出されたりしたこともあったんだよね。だけど、マニュアルなどのSGML化は、ドキュメント情報からレイアウト情報を除いた論理情報の交換、ということから得られるメリットを十分理解・活用することができなかったんだ。

えっ、どうして!?

例えば商品なんかのマニュアルって、お客さまが見るものだよね。そうしたマニュアルの作成や配布・表示・印刷では、レイアウト情報が100%交換できないというデメリットが重要視しされすぎたために、当初の狙いのようには普及が進まなかったんだ。
それと、ドキュメントをSGML化するためには、その構造を厳密に設計する必要があるんだけど、その作業には非常に大きな努力が必要だったんだね。実際にはそのことが普及への大きな障害になっちゃったんだ。

そう。そんな歴史があったのね。それで、もっと簡単に広くみんなに使ってもらえるようにって、XMLが考えだされたって事なのね。

そうなんだね。

TIPS　SGMLが残したもの

今では、「レイアウト情報が100%交換できない」ことに目くじらをたてる人は少なくなりましたが、当時は大問題視されていたのです。結局のところ、SGML化活動は、従来のレイアウト至上型のDTP（DeskTop Publishing）ソフトウェア、例えばQuark Express, FrameMakerなどにSGMLが狙っていた構造化の機能が追加されただけの結果に終わっています。ただ、XMLはSGML無しには生まれなかったでしょうし、SGMLでの歴史的な経験がかなりXMLに生かされていることも事実でしょう。

2.3 SGMLって、な〜に？

TIPS 構造化ドキュメント

構造化テキストについてはいろんな定義があるかと思いますが、本書では次のようにさせていただきます。

情報を階層的な構造で表現する方法の一つで、テキスト（ここでは電子的な文字・文字列）で表現したものをいいます。

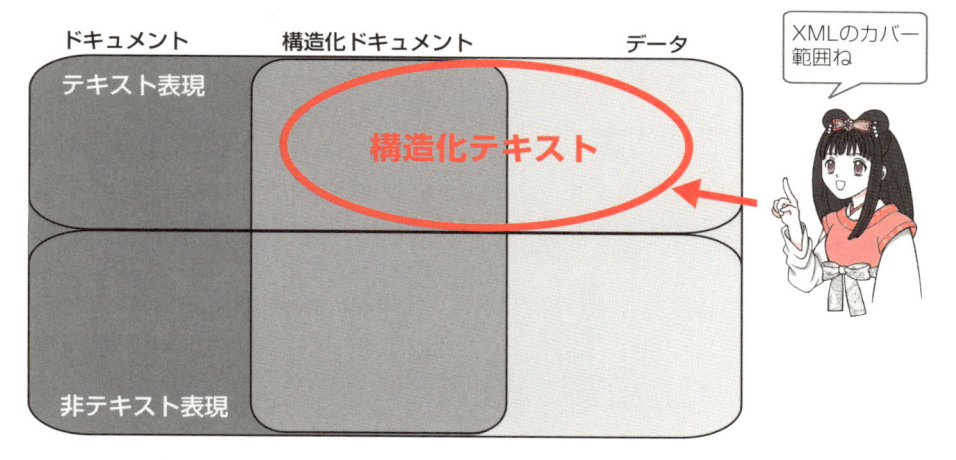

構造化テキストと構造化ドキュメントとの関係は、次のように考えると良いでしょう。

構造化テキスト	ドキュメントを含むあらゆる電子化情報を構造的にテキストで表現するもの
構造化ドキュメント	論理構造的に表現したドキュメントのこと
ドキュメント	人が見ることを前提として構成された情報

XMLで表現された情報は、「構造化テキスト」ですね。

図 2-4 構造化テキストと構造化ドキュメント

ODA

構造化ドキュメントの流れは、ODAから始まります。ODAは、最初はOffice Document Arichitecture、後にOpen Document Architectureと呼ばれるものです。ISO 8613として制定された国際標準です。

応用は、その名前の通り、オフィス用ドキュメントへの適用を考えられていましたが、結果的には浸透しませんでした。ちなみに、表現方法には、ASN1という規格が使われていて、いまのHTMLやXMLのようなテキスト表現ではありませんでした。

❖ Part3 ❖

万葉集のDTDを作ってみよう

3 万葉集のDTDを作ってみよう

Chapter3.1 万葉集の歌の構造を考えましょう

万葉集の各巻には、目次がついています。本文はただ歌が並んでいるだけのようだけど、意外に複雑なのよ。

歌集の構造をとらえる

さてと…。じゃぁ、そろそろXML化のための「万葉集の構造」を考えよう。かなり長くなると思うけど、いっしょに少しずつ考えていこうね。

うん。といっても、「万葉集」ってただ歌が並んでいるだけじゃないのよね。目次みたいなのもあるし、歌に題詞がついていたり、注釈がついていたり…。

そうだね。まずは全体がどうなっているか、から考えてみようね。どう、さらら？

「万葉集」は全部で20巻

そうねぇ…「万葉集」は第1巻～第20巻まであるわね。それから、それぞれの巻は、最初に目次があって、次に歌が並んでいる巻の本文があるわ。本文は、歌の種類が載っていたり、天皇の代の説明があったり…。

そうそう。さすがに良く知っているね。じゃあ、わかったところから少しずつ「万葉集の構造」を絵にしていこうかな。最後は、ちゃんとしたDTDにしなくちゃいけないけど、それはずっと後でいいと思うから。

えっ、DTD？？　また何か覚えなくちゃいけないのかしら…。

万葉集の歌の構造を考えましょう　3.1

あっ、また余計なことを言っちゃったかな。「万葉集の構造」が出来上がるまではあんまり考えなくて良いけど、知識としては必要だから時々説明するようにするね。とにかく今は忘れて。さて、じゃあ。いま、さららが言ったことを図にしてみるね。

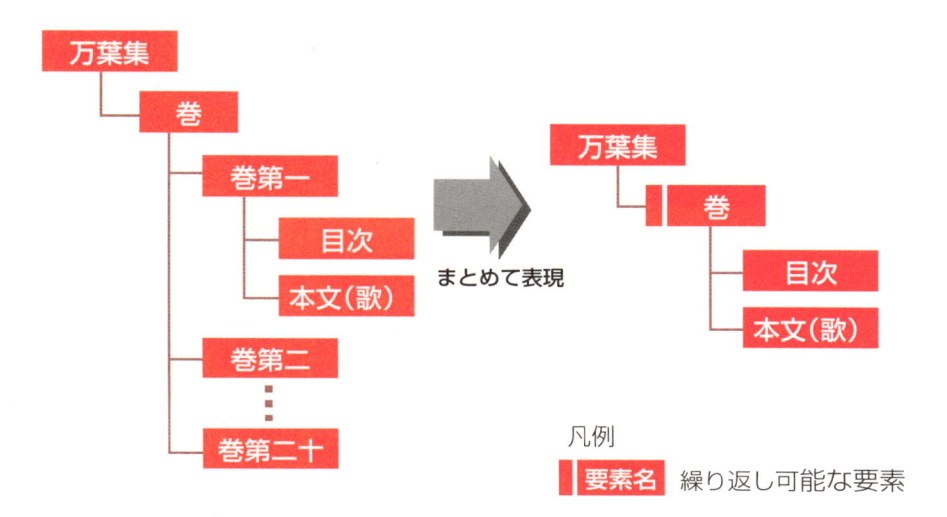

図3-1　万葉集の構造（巻の概要構成）

どう。いま、さららが言ったとおりに図にしてみたんだよ。

あっ、こんな風に書くのね…。「巻」の箱の左についている縦の線は、繰り返すって意味なの？

あっ、う…ん。実は、XMLテキストなどの構造を図で表す方法がちゃんとは決まっていないので、ぼくが勝手に作った記号なんだよ…。これからもいろいろな記号がでてくるけどぼくが勝手に作ったものだよ。

へぇ…。そうなんだぁ。

じゃあ、次は「目次」を見ていこうか。

3 万葉集のDTDを作ってみよう

Chapter3.2 万葉集の目次構造

万葉集の目次って、意外と複雑なのね。ここでは出てこないけど、巻によって目次の書き方って違うのよ。

目次について

さてと…。じゃぁ、まずは「目次の構造」を考えよう。まずは「万葉集の目次」がどんなものなのかをみてみようね。

そうね。実際のことろ、「目次」はあんまりじっくりとは見たことが無いわ。どんな風になっていたかしら…。あらら…、思っていたよりごちゃごちゃしているわね。どうしましょ。

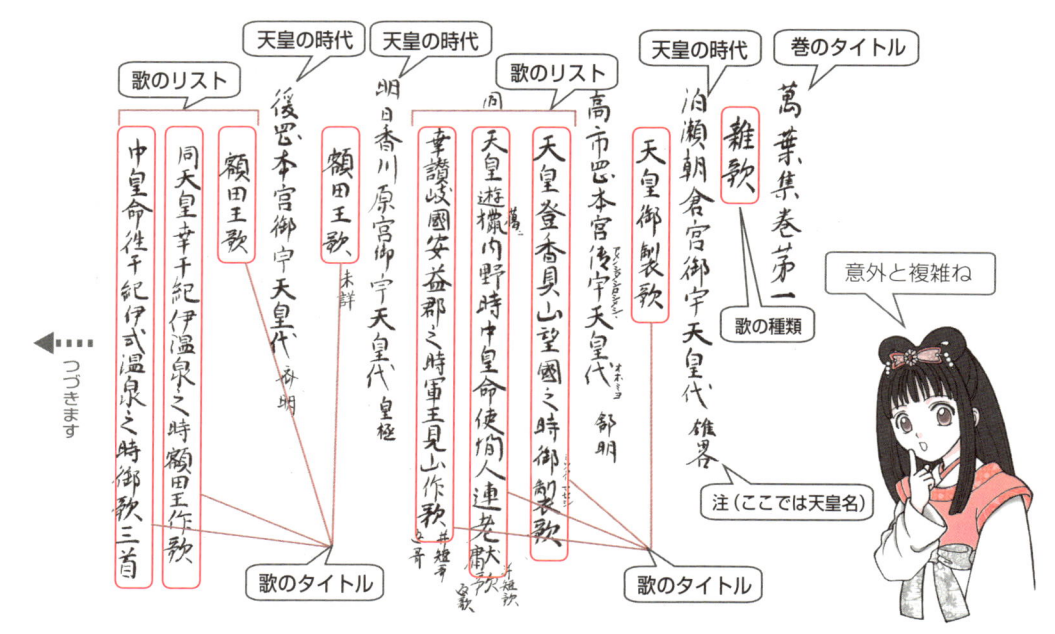

図3-2 万葉集の巻1の目次

「目次」はシンプルにしましょう

図に注をいれておいたから、よく見てごらん。最初は「巻1のタイトル：万葉集巻第一」があるね。それから…？　どんなことが書いてあるか読み上げていってごらん。

うっ、うん。えっ〜と…「雑歌（ぞうか）」ってあるから「歌の種類」といっていいわね。それから、「泊瀬朝倉宮御宇天皇代（はつせのあさくらのみやにあめのしたしらしめししすめらみことのみよ）」ってあるから「雄略天皇（ゆうりゃく）の代」だわね。その直後は、「天皇御製歌（てんのうのおほみうた）」だから…、たけちぃ〜。

これは、あとの「高市岡本宮御宇天皇代」の後ろにある、

- 天皇登香具山望國之時御製歌
- 天皇遊猟内野之時中皇命使間人連老獻歌
- 幸讚岐國安益郡之時軍王見山作歌

と同じと考えてよくって、「歌の題/タイトル」って思っていいんじゃないかな。図に書いたけど、これをまとめて、「歌のリスト」って見ることもできるよね。必ずしもそのように考える必要は無いけど。

そっか。図には途中までしか載ってないけど、あとは同じようになっているのね。

そうそう…。じゃ、今回は、前回の図に「目次」の構造を追加するよ。

3 万葉集のDTDを作ってみよう

```
万葉集
 └1─ 巻
      ├── 目次
      │    └── 歌グループ
      │         ├─0 歌の種類
      │         ├─0 天皇の代
      │         └─1 歌のリスト
      │              └─1 歌のタイトル
      └── 本文（歌）
```

凡例
- 0 要素名　0以上繰り返し可能な要素
- 1 要素名　1以上繰り返し可能な要素
- 0 要素名　0か1つだけ現れる要素
- 要素名　1つだけ現れる要素

こんな風にまとめられるのね

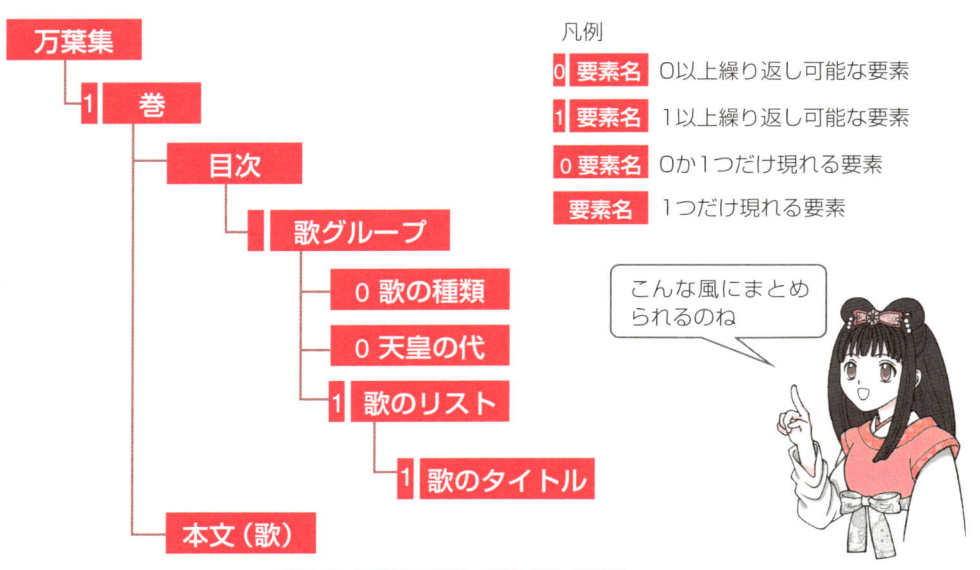

図3-3　万葉集の構造（目次部分を追加）

どう。さららが目次を読んだとおりに図にしてみたんだよ。もっと単純に「目次の段落が並んでいるだけの構造」って考えることもできるけど、今回はできるだけオリジナルに沿うように作ってみたんだ。

そうかぁ…目次はもっと簡単に書かれているかと思ったけど、意外に複雑なのね。ねぇねぇ。目次の構造図の中で、「歌の種類」と「天皇の代」の四角に"0"って書いてあるのはどういう意味なの？

あっ、さすがにさらら。気づかれてしまったか…。凡例に書いたけど、「0かひとつ出現する要素（タグ）」を表そうと、ぼくが勝手に決めたんだ。というのは、万葉集のすべての巻の目次を見ると、「歌の種類」と「天皇の代」は必ずでてくるわけではないんだ。だから…。

あっ、そうなんだ。いままで構造っていうと、そこに書かれているタグはそこに必ず出てくるものだって思い込んでいたわ。

そうなんだ。またひとつ理解が増えたね。じゃあ、次はいよいよ「本文」を見ていこうね。

は〜い。

Chapter 3.3 万葉集の歌の構造

単に歌を並べた構造だけを考えるんじゃなくって、歌の中にまで踏み込んで考えないといけないようね。

本文について考える

やっと「本文の構造」を考えるところまできたよね。まずは「万葉集の本文」がどんなものなのかをみてみようね。「巻第一」の本文を図に載せるね。

目次よりはずっ〜と複雑なんでしょ。うまく整理ができるのかしら…。

そうだね。でもひとつずつ見ていけばそんなに難しくはないよ。まずは「万葉集の本文」がどんなものなのかを見てみようね。「巻第一」の本文を図に載せるね。

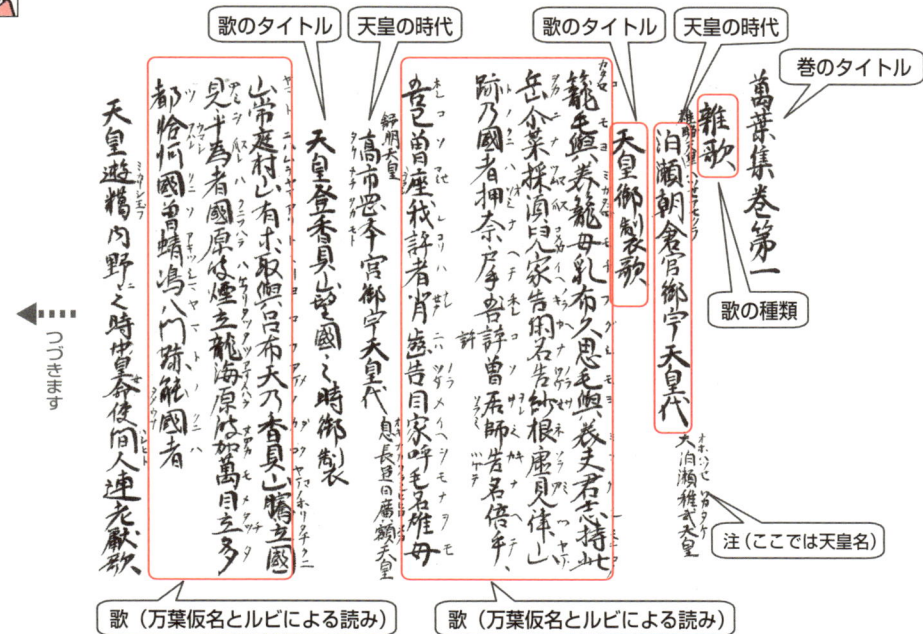

図3-4 万葉集の巻第一の冒頭部分

3 万葉集のDTDを作ってみよう

「巻1」からみていきましょう

ここでも図に注をいれておいたから、よく見てごらん。最初は目次と同じように「巻1のタイトル：万葉集巻第一」があるね。それから…？　目次の時と同じようにどんなことが書いてあるか読み上げていってごらん。

うっ、うん。えっ〜と…「雑歌（ぞうか）」ってあるから「歌の種類」といっていいわね。それから、「泊瀬朝倉宮御宇天皇代（はつせのあさくらのみやにあめのしたしらしめししすめらみことのみよ）」ってあるわね。これは目次のときと同じで「天皇の代」ってしていいかしら。その下に「大泊瀬稚武天皇（おおはつせわかたけのすめらみこと）」ってあるのは「天皇名」だわね。その直後は、「天皇御製歌（てんのうのおほみうた）」だから…「歌のタイトル（題詞）」だと思っていいわね。どうかしら…。

そうだね。目次に少し似ているところがあるよね。「天皇の代」はここでは歌とセットになっているってしておこうね。これは巻が違うと必ずしも同じではないんだけどね。それから？

え〜っと…それから「歌」があって、また「天皇の代」が出てくるわ。だから、「天皇の代」「歌のタイトル（題詞）」「歌」が繰り返されているわ。
図にするとこんな感じかしら…。

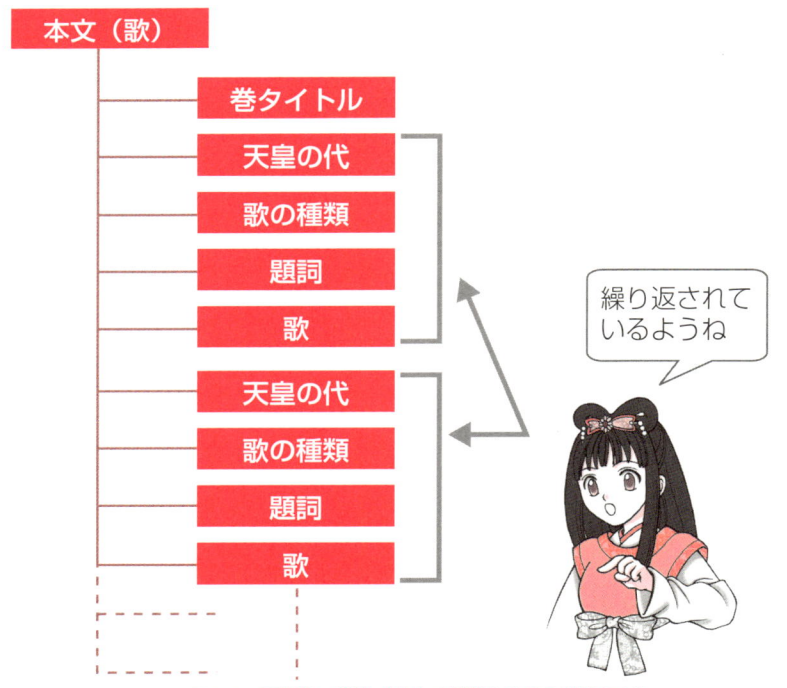

図3-5　万葉集の構造（本文の構造をさららが考え中）

3.3 万葉集の歌の構造

そうそう…。だいたいいいんじゃないかな。じゃ、さららの書いてくれた図を元に、前回の「目次」を含んだ図に本文の構造を追加するよ。

あっ、「歌の種類」と「天皇の代」を「目次」のときと同じように"0"ってしてあるのね。

そうそう。前のページの図ではわからないけど、万葉集のすべての歌に、「歌の種類」と「天皇の代」が必ずでてくるわけではないんだ。それから、さららが書いてくれた図の繰り返す部分を「歌グループ」としてまとめておいたよ。

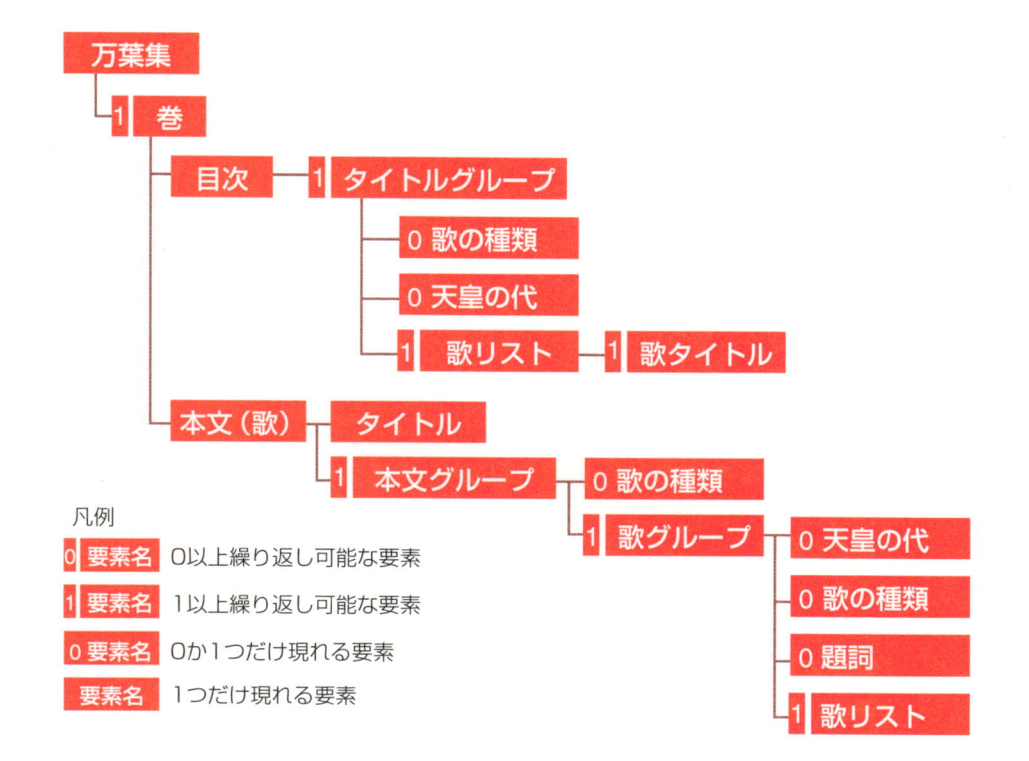

図3-6 万葉集の構造（本文の構造を追加）

注1）歌セット 実際には歌（原文と読み）は複数連続して現れることがあります。またその後に注がつくこともあります。歌セットについては図3-8をご覧ください。

3 万葉集のDTDを作ってみよう

ねぇ…。たけちは本文は目次よりずっ〜と難しいって言ってたけど、これまでのところそんな感じはしないんだけど…。

実は、そうなんだ。もうすこしずつ万葉集全体を見て行くと「どうしよう」ってことがあるんだよ。それに、もともとの目的に添ったような構造作りは「歌」の内容構造を考えないといけないんだ。

そっか。そうだったわね。最初の方で「どうしてXMLにするのか」を説明してくれたことがこれくらいのタグだと表現されていないわね。単に、<p>タグのようなものじゃダメなのよね。おなじ「明日香」でも、「人名」なのか「地名」なのかなどを区別するようにするんだったわね…。

「歌」にどんな情報があるでしょうか

じゃあ、まずは「歌」にどんな情報があるのか考えてみよう。
さららは何か思いつくかい？

うっ、うん。えっ〜と…いま言ったみたいに「地名」があるわね。それから…。作者名・草花の名前・季節…。

そうだね。さららの言ったのはそれでいいね。もっといろいろなことがあると思うから次にリストしてみようか…。

- 歌の種類（雑歌（ぞうか）・挽歌（ばんか）・相聞歌（そうもんか）・譬喩歌（ひゆか）…）
- 作者名
- 贈答者名
- 人名
- 草花名
- 動物名
- 季節（春・夏・秋・冬）
- 自然（雨・風・雲・雪…）
- 状況（野遊び・国見・行幸・宴席・うわさ・みやげ・夢・七夕…）
- 感情（恋心・悲しみ・喜び・怒り・嘲笑・恐れ・望郷・寂しさ…）
- 枕詞（まくらことば）
- 年月日
- その他

3.3 万葉集の歌の構造

あぁ、こうしてみると意外にあるのね。もっともっとあるような気もしてきたわ。

そうそう。リストでは「その他」なんてしちゃったけど、もっといろいろとありそうだね。これらについてや、情報の整理の仕方については万葉集の専門の方にアドバイスをいただいて作ったほうがいいね。ここでは、あくまでもサンプルとして考えていこう。

それで、これからどうすればいいの？

じゃあこれまで考えたことを、ひとつの歌を例にして見てみようか。それで、どのように「歌」の構造、というか実際にはどうタグ付けしていったらいいかを考えよう。

うん…。

さてと、…どの歌にしようかなぁ。そうだ、額田（ぬかた）の歌にしよう。どう？　だいたい対応の感じはわかるかな？

作者名＝額田王（ぬかたのおおきみ）
年月日＝斉明天皇7年正月

にきたつ
熟田津に船乗りせむと　月待てば潮もかなひぬ　今は漕ぎいでな

地名　　　　自然（月）　自然（潮）

図3-7　万葉歌の構造化できそうな情報の例

うん。実際には、「熟田津（にきたつ）」を<地名>のタグで、「月」「潮」を<自然>のタグでそれぞれ囲めば良いのよね。

3 万葉集のDTDを作ってみよう

そうそう。

でも、歌の全体を囲って示してある「作者名=額田王」や「年月日=斉明天皇7年正月」なんかはどうしたらいいのかしら。もともとの「万葉集」にはないテキストを勝手に追加するのも変だわよね…。

そうだね。さららの言うとおりだと思うよ。だから、「作者名」や「年月日」は「歌」の属性にするといいんじゃないかな。

えっ!? 「属性」？？

Chapter3.4 属性

元々のテキストには出てこない情報を表すのに、属性を使ってみることを考えてみました。

特徴のある情報をみつける

「属性」って…？

実は、最初のほうで話をしたんだけどね。それぞれのタグに特徴的な情報を「属性」っていうんだ。HTMLで次のようなものはみ～んな「属性」なんだよ。それらは表示するテキストの中には直接的には出てこないものだよね。

- \<body\>タグのbgcolor
- \<p\>タグのalign
- \<a\>タグのhref
- \<table\>タグのwidth

その他いっぱい… 

あっ、そっか…すっかり忘れてたわ…。

「歌」の属性を考えてみましょう

じゃあ、前回「歌」にどんな情報があるのか考えてみたから、その中で「歌」を特徴付ける情報として「属性」にしたほうがいいものを選んでみようね。さらら、言ってごらん。 

うっ、うん。基本的には、表示するテキストには載っていない情報を選べばいいのよね。えっ～と…。歌の種類・作者名・状況・季節…。

3 万葉集のDTDを作ってみよう

- 歌の種類（雑歌（ぞうか）・挽歌（ばんか）・相聞歌（そうもんか）・譬喩歌（ひゆか）…）
- 作者名
- 贈答者名
- 季節（春・夏・秋・冬）
- 自然（雨・風・雲・雪…）
- 状況（野遊び・国見・行幸・宴席・うわさ・みやげ・夢・七夕…）
- 感情（恋心・悲しみ・喜び・怒り・嘲笑・恐れ・望郷・寂しさ…）
- 比喩（月…）
- 年月日
- その他

大体いいんじゃないかな。あとは、「比喩」も入れようね。他の歌を参照したりすることもあるようだから、そういう情報も属性にしておいたのがいいね。前回のことも含めて「歌」の構造を図にすると次のようになるね。

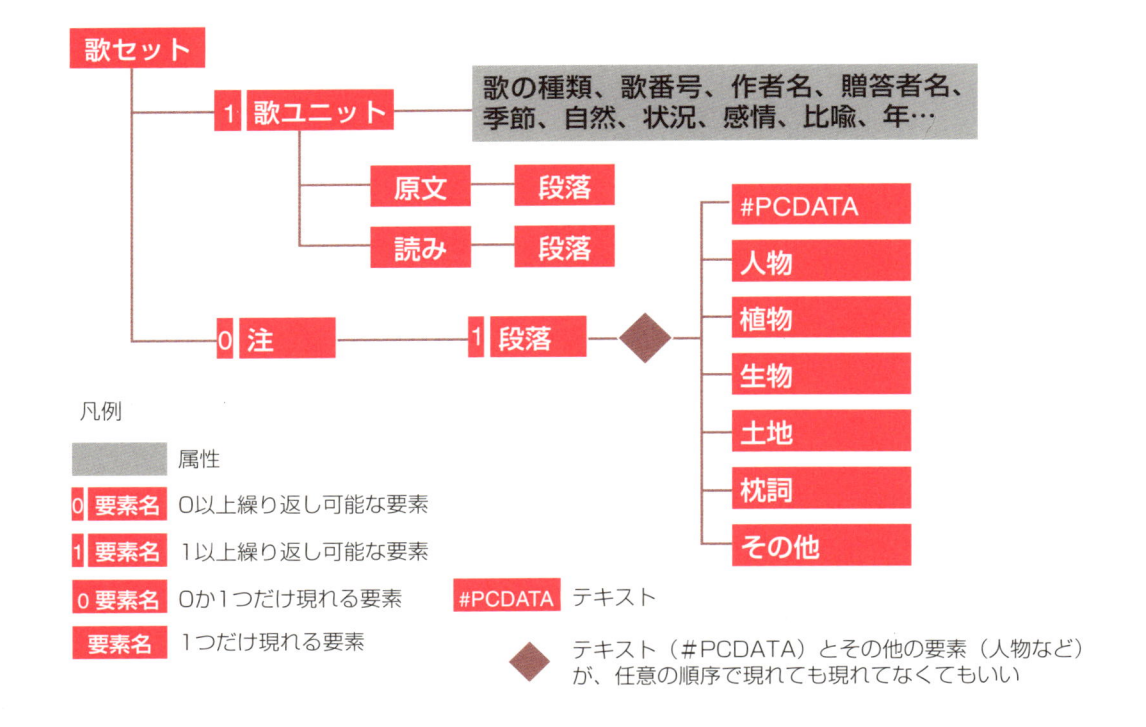

図3-8 万葉歌の構造

3.4 属性

えぇっと…図だけ見るとなんだか複雑そうね。
実際の歌ではどうなるのかちょっとイメージがつかめないわ。

そうかぁ。じゃあ、額田の歌を例にして、属性とタグを図で描いてみようね。

うん。

歌の種類=雑歌、作者名=額田王
年月日=天智天皇七年丁卯夏五月五日
贈答者名=大海人皇子、状況=遊猟
土地=蒲生野

あかねさす　むらさきの　しめの　のもり
　　　　　　紫野行き　標野行き　野守は見ずや君が袖振る

枕詞　　植物　　土地　　人物

図3-9　万葉歌の構造の例

あぁ…なんとなくわかるわ。
で、この図の構造を実際にXMLテキストでどう書いたらいいの？

そうそう。じゃぁ、万葉集テキストをXMLテキストにしていってみようね。それと同時に、これまでの情報からDTDも作っておこうね。

えっ!?　「DTD」？？

3 万葉集のDTDを作ってみよう

Chapter3.5 DTDってな〜に？

これまで考えてきた万葉集の構造を、図ではなくってDTDというきまりで表してみます。

構造を伝える規格

「DTD」って…？

DTDは"Document Type Definition"って言って、「文書の型（構造）の定義」を表すものなんだよ。

えっ…？。

僕たちは「万葉集テキスト」のXML化を考えているよね。そのために、これまで「万葉集の構造」を考えてきたよね。その構造に基づいてXMLテキストを作るんだけど、その構造をきちんとコンピュータに教えてあげる必要があるんだよね。そのための規則がDTDなんだよ。

あっ、そうなのね。私たちは「図に書いた万葉集の構造」をみれば理解できるけど、コンピュータには別の方法で教えなくちゃいけなくって…、そのためにDTDが必要ってことなのね。

そうそう。実際には、次のようなときなどにDTDが使われるんだよ。

- ・ソフトウェア：XMLテキストがDTDに従っている正しいテキストかどうかを判別する
- ・ソフトウェア：DTDを参照して正しいXMLテキストを生成する
- ・開発者：DTDを参照して、XMLテキストを正しく処理するソフトウェアを開発する

3.5 DTDってな〜に？

じゃあ、DTDの書き方をすこしずつ説明していくね。

XMLテキストに出てくる要素をあらわす「要素宣言」

まずは、「要素宣言」についての説明から。

「要素宣言」って？

「要素宣言」は、これまで考えてきた「万葉集の構造」に出てきた、巻・目次・本文・歌リスト・歌タイトル・歌の種類・歌（unit）・歌・原文・読み…などをきちんとテキストで示すことをいうんだよ。

あっ、そういうこと…。

「要素宣言」は次のように書くんだ。

```
<!ELEMENT 要素名 構造上の規則>
```

「構造上の規則」ってなぁに？

その要素の下にどんな要素がでてくるかをあらわすんだ。下に何も無いときには、その要素がどんなテキストかを示すんだよ。簡単な例を図にしておくね。

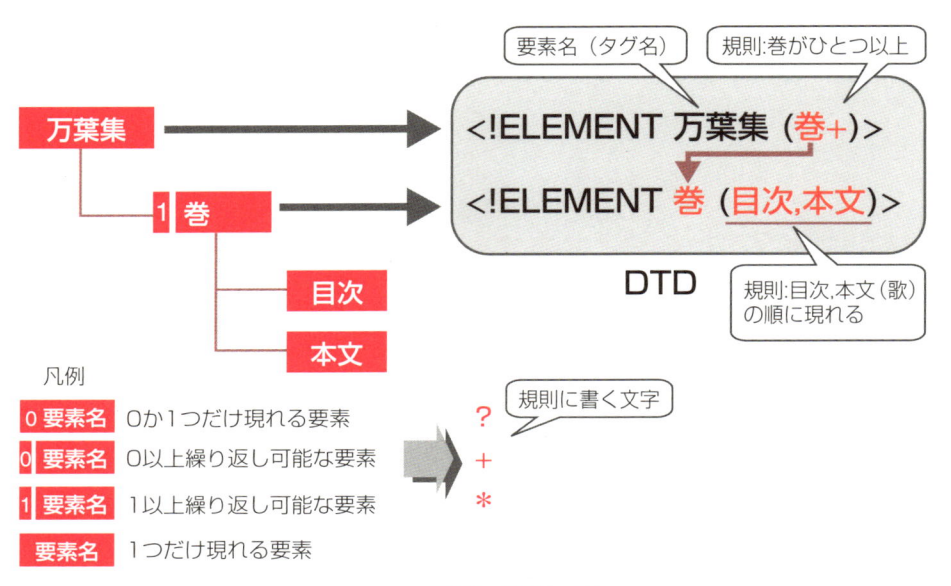

3 万葉集のDTDを作ってみよう

```
<!ELEMENT 万葉集 (巻+)>      ← 要素名（タグ名）／規則:巻がひとつ以上
<!ELEMENT 巻 (目次,本文)>    ← 規則:目次,本文（歌）の順に現れる
```

万葉集 → 1巻 → 目次／本文

DTD

凡例
- **0 要素名** 0か1つだけ現れる要素 → `?`
- **0 要素名** 0以上繰り返し可能な要素 → `*`
- **1 要素名** 1以上繰り返し可能な要素 → `+`
- **要素名** 1つだけ現れる要素

規則に書く文字

図3-10　万葉集の構造とDTD

あっ、わかるわ…。でも、やっぱり私たちには「図」の方がわかるわね。ところで、このDTDに日本語を使っていいの？

かまわないんだけど、最終的には英語にするつもりだよ。構造がきちんと決まってから英語にすればいいよね。しばらくはこのまま日本語でやっていくね。さて、構造をあらわすにはもうひとつの情報が必要だから、そっちも説明しなくちゃね。

えっ、…。

「属性」！

あっ、そっ、そうだったわね。

注1）DTDはもともとはSGML文書の構造を示すのに使われ、XMLでも適用されていますが、いろいろな不都合があることから、Scheme（スキーマ）として新たに検討がされています。ただ、このSchemeは、非常に複雑でその制定にまだ時間がかかりそうです。また、「万葉集テキスト」程度でしたら、DTDで十分なのでこのまま説明を進めさせていただきます。

注2）SGMLやXMLをある程度ご存知の方には、「万葉集というひとつしか生成しないテキストにどうしてDTDを定義する必要があるのか？」と疑問の方もいらっしゃるかもしれません。ここでのDTD作成の目的は、「万葉集テキスト処理をするソフトウェア（開発者）のための構造的ルールを示すこと」と「他の歌集の歌の構造との共通化を検討するためのベースとすること」です。

属性の定義の方法 3.6

Chapter3.6 属性の定義の方法

DTDって難しいけど、例を見ながら学ぶと分かりやすいわ。

ATTLISTで属性を定義する

「属性」の書き方は知ってるけど、DTDでの定義の仕方ってどうなるのかしら…。

うん。その前に、ここでもう一度「歌の属性」にはどんなものがあるかを図で確認してみようね。「属性」って示したところだよ。

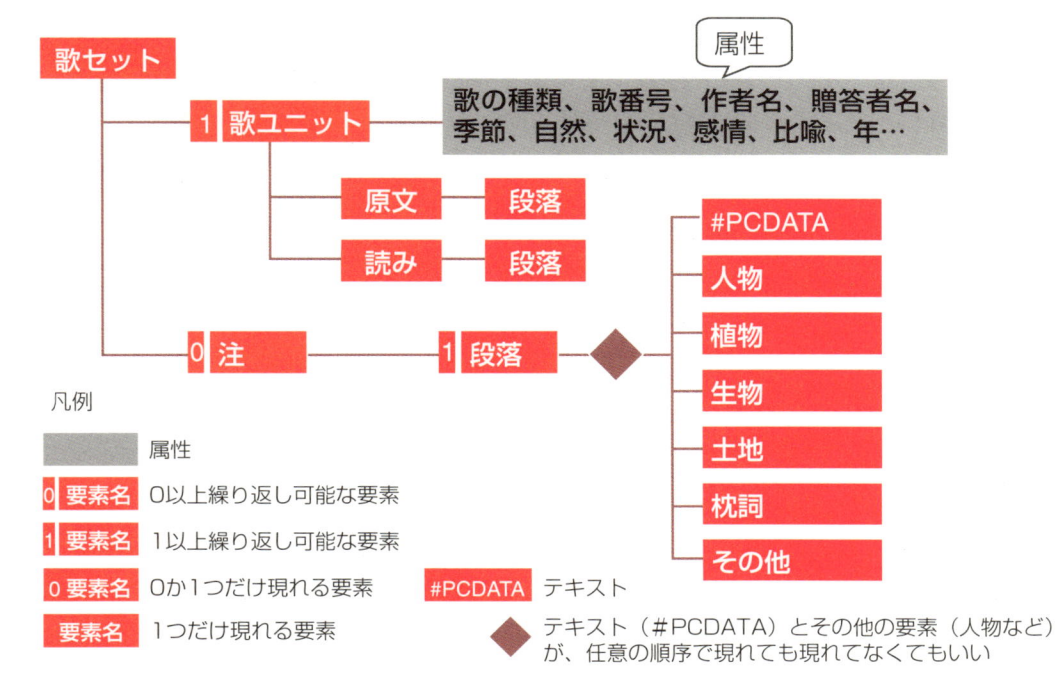

```
歌セット ─┬─ 1 歌ユニット ─── 属性：歌の種類、歌番号、作者名、贈答者名、
          │                      季節、自然、状況、感情、比喩、年…
          │        ├── 原文 ── 段落
          │        └── 読み ── 段落
          │                              ┌── #PCDATA
          └─ 0 注 ──── 1 段落 ──◆──┼── 人物
                                          ├── 植物
                                          ├── 生物
                                          ├── 土地
                                          ├── 枕詞
                                          └── その他
```

凡例
- ▨ 属性
- [0] 要素名　0以上繰り返し可能な要素
- [1] 要素名　1以上繰り返し可能な要素
- 0 要素名　0か1つだけ現れる要素
- 要素名　1つだけ現れる要素
- #PCDATA　テキスト
- ◆ テキスト（#PCDATA）とその他の要素（人物など）が、任意の順序で現れても現れてなくてもいい

図3-11　万葉歌の構造（属性を含む）

3 万葉集のDTDを作ってみよう

あっ、そうそう。思い出したわ…。えっと…歌の種類は、雑歌や相聞歌があって、歌番号は1から4516で、作者名は、たけちとか私とか…。

そうそう。さららが言ったようなことを次の図にまとめておくね。それぞれの属性がどんな種類なのかを見ておかないとXMLとして定義できないんだ。

種類って？

（任意の）文字列とか、ある決まった情報の並びの中から選べる「列挙」とかの種類のことで、XMLでは、「データ型」って言われているんだよ。

でも、図を見ると「歌の種類」も「作者」も単なるテキストで変わらないように見えるんだけど。

そうなんだけど、「歌の種類」はごく限られているだろ？　だから、「雑歌・相聞歌…」の中から選ぶように「列挙型」にしておくと良いよね。こうしておくと、たとえばXMLテキストの「歌の種類」の記載に間違いがないかどうかプログラムで判断できるよね。

あっ、そっか…。

属性の定義の方法 3.6

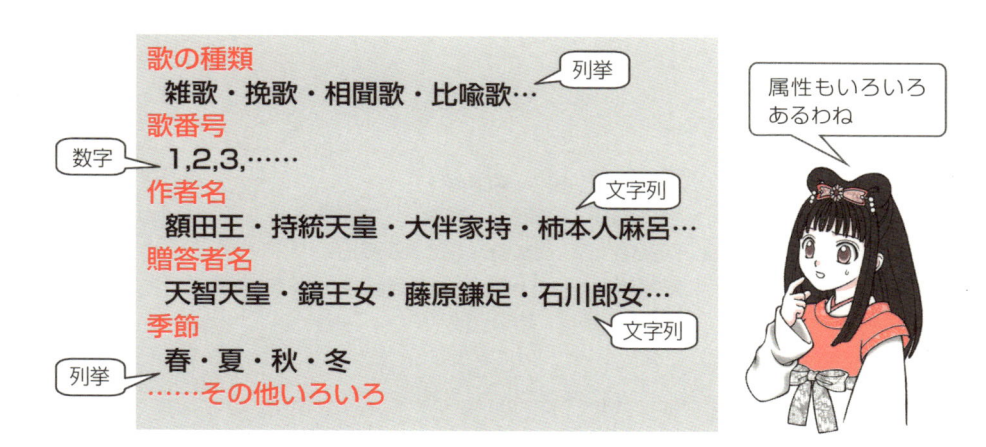

```
歌の種類                            列挙
  雑歌・挽歌・相聞歌・比喩歌…
歌番号
        数字
  1,2,3,……
作者名                              文字列
  額田王・持統天皇・大伴家持・柿本人麻呂…
贈答者名
  天智天皇・鏡王女・藤原鎌足・石川郎女…
                                   文字列
季節
 列挙
  春・夏・秋・冬
  ……その他いろいろ
```

属性もいろいろあるわね

図3-12 「歌」の属性のデータ型

XMLテキストに出てくる属性をあらわす「属性宣言」

「属性宣言」は次のように書くんだ。

<!ATTLIST 要素名 属性名 属性のデータ型 デフォルト値>

どの「要素」にはどんな名前の「属性」があって、それはどんな「データ型」なのか、っていうことをこれで定義しているんだよね。

「デフォルト値」ってなぁに？

DTDに沿って作成された実際のXMLテキストで、その属性が書かれていなかったときに、この属性が書かれていなかったときには「デフォルト値」が書かれていると思ってくださいっていう意味なんだ。

へぇ～。そうなんだ。じゃあ、この「デフォルト値」を持つ「属性」だったときは、XMLテキストに書かなくていいのね。

3 万葉集のDTDを作ってみよう

じゃあ、どんな風に書くのかを次に載せておくね。

```
<!ATTLIST 歌   歌番号   ID #REQUIRED>
<!ATTLIST 歌   歌の種類 (雑歌 | 挽歌 | 相聞歌 | …) #REQUIRED>
<!ATTLIST 歌   作者名   CDATA #REQUIRED>
<!ATTLIST 歌   贈答者名 CDATA #IMPLIED>
<!ATTLIST 歌   季節 (春 | 夏 | 秋 | 冬) "春">
<!ATTLIST 歌   …       >
```

- ID：XMLテキスト内で唯一のものとして識別する情報
- #REQUIRED：XMLテキストでこの属性を必ず記載すること
- #IMPLIED：XMLテキストでこの属性は書かなくてもよい
- CDATA：文字列

う〜ん…。具体的にはどうなるの？

じゃあ、額田の歌の例を載せておくね。

```
歌 ─┬─ 歌番号=20、歌の種類=雑歌、           ← 属性
    │   作者名=額田王(ぬかたのおおきみ)、
    │   贈答者名=大海人皇子、状況=遊猟
    │   土地=蒲生野(がもうの)
    │
    ├─ 原文 ─ 茜草指 武良前野逝 標野行
    │         野守者不見哉 君之袖布流
    │
    └─ 読み ─ あかねさす紫野行き標野行き
              野守は見ずや君が袖振る
```

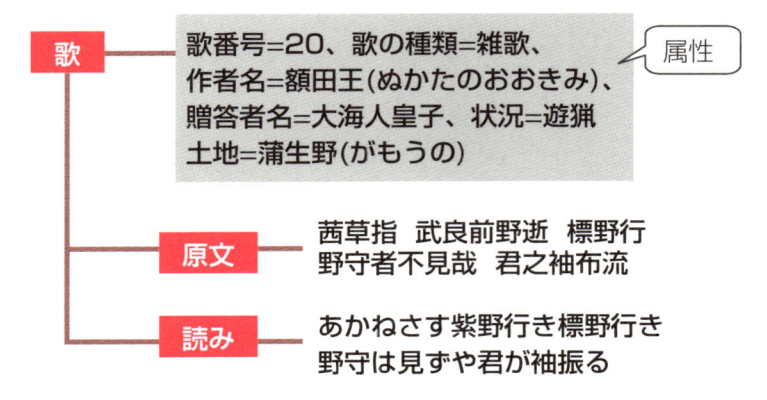

図3-13 「歌」の属性の例

属性の定義の方法 3.6

この「歌」をXMLテキストにしたときの例は次のようになるんだ。

```
<歌　歌番号="0020"　歌の種類="雑歌"　作者名="額田王"
　　　贈答者名="大海人皇子"　状況="狩猟"　土地="蒲生野">
　　<原文>茜草指　武良前野逝　標野行
　　　　野守者不見哉　君之袖布流</原文>
　　<読み>あかねさす紫野行き標野行き
　　　　野守は見ずや君が袖振る</読み>
</歌>
```

あっ、やっと雰囲気がわかった気がするわ。

よかった（^^;　あとは、今までのことをまとめてDTDにして見てみようね。

Chapter 3.7 万葉集のDTDサンプル

最後に、これまでのことをDTDにまとめてみました。

これまでのことをまとめてDTDとして書いてみるね。属性なんかは少し省略させてもらってるけど…。

```
<!DOCTYPE 万葉集 [

<!-- 万葉集の構造(例) 要素宣言 -->
<!ELEMENT 万葉集 (巻+)>
<!ELEMENT 巻 (目次, 本文)>
<!ELEMENT 目次 (タイトルグループ+)>
<!ELEMENT タイトルグループ (歌の種類?, 天皇の代?, 歌リスト+)>
<!ELEMENT 歌の種類 (#PCDATA)>
<!ELEMENT 天皇の代 (#PCDATA)>
<!ELEMENT 歌リスト (歌タイトル+)>
<!ELEMENT 歌タイトル (#PCDATA)>

<!ELEMENT 本文 (タイトル, 本文グループ+)>
<!ELEMENT 本文グループ (歌の種類?, 歌グループ+)>
<!ELEMENT 歌グループ (天皇の代?, 歌の種類?, 題詞?, 歌セット+)>
<!ELEMENT 題詞 (#PCDATA)>
<!ELEMENT 歌セット (歌ユニット+, 注?)>
<!ELEMENT 歌ユニット (原文, 読み)>
<!ELEMENT 原文 (段落)>
<!ELEMENT 読み (段落)>
<!ELEMENT 注 (段落)+>
<!ELEMENT 段落 (#PCDATA) | 人物 | 植物 | 生物 | 土地 | 枕詞 | その他 )*>
<!ELEMENT 人物 (#PCDATA)>
<!ELEMENT 植物 (#PCDATA)>
<!ELEMENT 生物 (#PCDATA)>
```

3.7 万葉集のDTDサンプル

```
<!ELEMENT 土地 (#PCDATA)>
<!ELEMENT 枕詞 (#PCDATA)>
<!ELEMENT その他 (#PCDATA)>

<!-- 歌の属性(例) 属性宣言 -->
<!ATTLIST 歌ユニット 種類 (雑歌 | 挽歌 | 相聞歌 | ・・・・) #REQUIRED>
<!ATTLIST 歌ユニット 歌番号 ID #REQUIRED>
<!ATTLIST 歌ユニット 作者名 CDATA #REQUIRED>
<!ATTLIST 歌ユニット 贈答者名 CDATA #IMPLIED>
<!ATTLIST 歌ユニット 季節 (春 | 夏 | 秋 | 冬) "春">
<!ATTLIST 歌ユニット 自然 (山 | 海 | 川 | 雲 | 風 | ・・・・) #IMPLIED>
<!ATTLIST 歌ユニット 状況 (宴会 | 国見 | 野遊び | 宮廷讃美 | ・・・・) #IMPLIED>
<!ATTLIST 歌ユニット 状況 (喜び | 物思い | 不安 | 安心 | 哀しみ | ・・・・) #IMPLIED>

]>
```

注）ここでは、置換文字列やファイルを定義するエンティティ（entity）については解説を省略させていただいています。

あれっ？ 先頭の"<!DOCTYPE 万葉集 ["ってなぁに？

あっ、そうそう。これは文書型宣言（Dcoument Type Declaration）っていって、DTDですよって示すのに必要なんだ。ここでは「万葉集」っていうDTDがありますよっていう意味。で、最後の行の"]>"はこの文書型宣言の終わりを示しいてるんだね。

そうなんだぁ。で、これでできあがりなのね。

おつかれさま。

これでできあがりね！

Part4
XMLの書き方（概説）

4 XMLの書き方(概説)

Chapter4.1 XMLによるWebページの構成

HTMLの場合と比べると、XSLっていうものが必要になるのね。

Webページの基本的な構成

ここでは、XMLを使ったWebページの基本的な構成の仕方についてお話するね。

うん。具体的な書き方も教えてくれるんでしょ。

じゃぁ、さっそくね。次の図を見て。1のHTMLの場合は、CSS（Cascading Style Sheet）でフォントの種類とか文字の大きさや色を指定しているよね。
でも、2のXMLの場合には、XSL（eXtensible Stylesheet Language）とCSSを使って、XMLで書かれているものをどのようにWebブラウザで表示するかを決めるんだ。

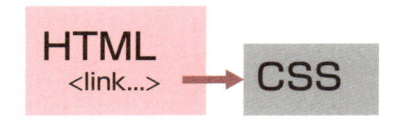

```
HTML          →   CSS        CSS : Cascading Style Sheet
<link...>                    XSL : eXtensible Stylesheet Language
```
1 HTMLテキストとCSSテキスト

```
XML         →    XSL         →    CSS
<?xml...>        <link...>
```
2 XMLテキスト、XSLテキストとCSSテキスト

図4-1　XMLテキストを表示するためのファイルの構成（HTMLとの違い）

4.1 XMLによるWebページの構成

えっ〜!! CSSの便利さは分かっているけど、それでも面倒くさいなぁ、って思ってたのに…。その上、XSLだなんて…。

う〜ん。じゃあねぇ〜、最初にCSSではできなくてXSLでできることを説明したほうがよさそうだね。

そっ、そうね…。お願いするわ。

HTMLとCSSとの関係について確認しておくね。CSSでは、XMLやHTMLに現れるそれぞれの要素について、どのように表示するのかだけを指定できるんだよね。これは知っているよね。

あっ、そうそう（本当はあんまり意識したこと無かったけど…）。

HTML
```
<html>
 ・・・・・・
<link rel="stylesheet" type="text/css" href="manyo1.css" />
 ・・・・・・
<p class="mkana">熟田津尓 船乗世武登・・・</p>
<p class="yomi">熟田津(にきたつ)に船(ふな)乗りせむと・・・</p>
</body>
</html>
```

manyo1.css CSS
```
p.mkana  { font-weight:bold }
p.yomi { font-styel:italic }
```

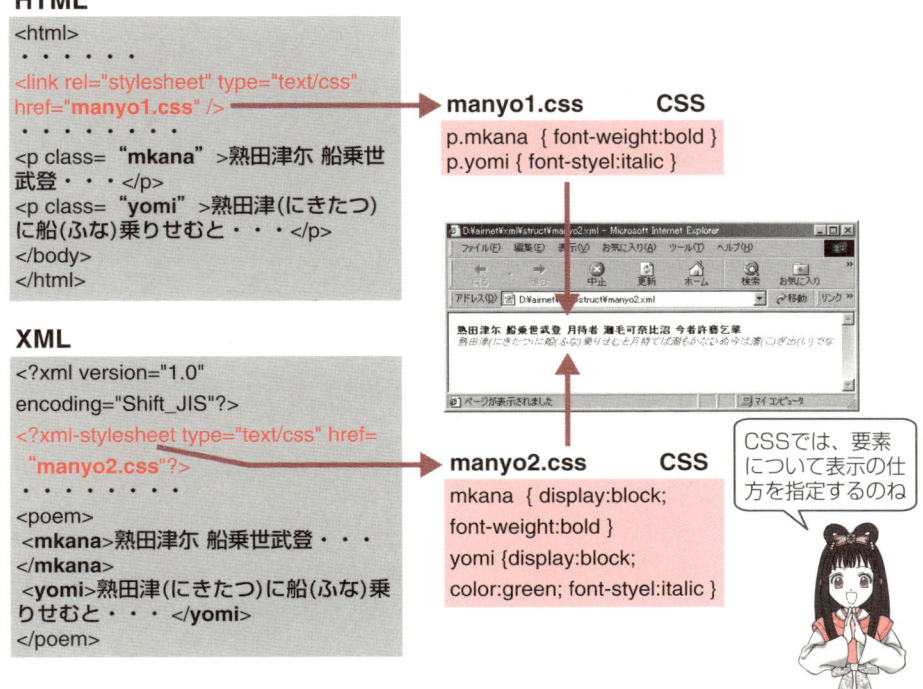

XML
```
<?xml version="1.0" encoding="Shift_JIS"?>
<?xml-stylesheet type="text/css" href="manyo2.css"?>

<poem>
 <mkana>熟田津尓 船乗世武登・・・</mkana>
 <yomi>熟田津(にきたつ)に船(ふな)乗りせむと・・・</yomi>
</poem>
```

manyo2.css CSS
```
mkana  { display:block;
font-weight:bold }
yomi {display:block;
color:green; font-styel:italic }
```

CSSでは、要素について表示の仕方を指定するのね

図4-2　XML/HTMLとCSSの概要

4 XMLの書き方（概説）

図のように、CSSはXMLテキストでもHTMLテキストでも、それぞれの要素をどのように表示するかを指定するんだね。

CSSで指定しない要素はどうなるの？

Internet Explorerなどの表示ソフトによって決まっちゃうんだ。

HTMLテキストのほうの"class"ってどう使うの？

うん、見てわかるように、XMLだと「歌の原文（万葉仮名）」を"mkana（manyo-kanaを略しました）"にして「読み」を"yomi"って区別できるけどね。HTMLだと\<p\>タグくらいしかないから、"CLASS"属性をつけて区別しているんだ。CSSの場合、"p.mkana"のように指定するんだよ。

そうなんだぁ…。

じゃぁ、ここで、図のソースとサンプルを載せておくね。XMLテキストの内容については後で説明するから、今はあまり気にしなくていいよ。

◆manyo1.html

```
<html>
<head>
<title>たのしいXML：CSS</title>
<link rel="stylesheet" type="text/css" href="manyo1.css">
</head>
<body>
<p class="mkana">熟田津尓 船乗世武登 月待者 潮毛可奈比沼 今者許藝乞菜</p>
<p class="yomi">熟田津(にきたつ)に船(ふな)乗りせむと月待てば潮もかなひぬ今は漕(こ)ぎ出(い)でな</p>
</body>
</html>
```

4.1 XMLによるWebページの構成

◆manyo1.css
```
p.mkana { font-weight:bold }
p.yomi { color:green; font-style:italic }
```

図4-3 manyo1.htmlの表示結果

◆manyo2.xml
```
<?xml version="1.0" encoding="Shift_JIS"?>
<?xml-stylesheet type="text/css" href="manyo2.css"?>
<poem>
<mkana>熟田津尓 船乗世武登 月待者 潮毛可奈比沼 今者許藝乞菜</mkana>
<yomi>熟田津(にきたつ)に船(ふな)乗りせむと月待てば潮もかなひぬ今は漕(こ)ぎ出(い)でな
</yomi>
</poem>
```

◆manyo2.css
```
mkana { display:block; font-weight:bold }
yomi { display:block; color:green; font-style:italic }
```

図4-4 manyo2.xmlの表示結果

4 XMLの書き方(概説)

そっかぁ…。で、最初にたけちが描いてくれた図には、「XML→XSL→CSS」って書いてあったけど、いまのサンプルでは「XML→CSS」ってなってるけど、これはどういうことなの？

うん。いまの例で見たように、見かけだけについていえばXSLを使わなくてもよい場合もあるんだ。でも、XMLのいい点を生かそうとすると、XSLは必要になってくるんだよ。

そっかぁ…。あっ、じゃぁ、さっきたけちが言っていた、XSLがCSSより優れていることってどんなことなの？

あっ、そうそう。次のようなことが違うんだ。

XSLがCSSより優れていること
・もとのXMLテキストの構造・内容・属性を変更できる
・XMLテキストの属性による表示方法の指定ができる

でも、まだXSLの使い方も分かっていないからピンとこないわね。もっと分かりやすい言い方は無いの〜？

う〜ん。そういわれるとちょっと困るけど…。でもね、それについては、これからXMLやXSLの書き方や使い方を、少しずつだけど具体的な例を見ながらやっていこうと思うから…。分かってもらえると思うよ。

むふふ、ごめんなさいね。ちょっと、たけちを困らせてみたかったの…。

そっ、そう。じゃあ、XMLの書き方の概要を説明するね。それから、XSLとCSSの使い方を具体的に学習しようね。

は〜い。

Chapter 4.2 XMLテキストの構成

XML宣言とか、文書型宣言とか難しそうだけど、たけちが簡単な例で教えてくれるから安心だわ。

XML宣言

では、XMLテキストを書くときの基本的な注意事項を説明しよう。まずは、次の図を見ながら説明するね。
XMLテキストは、先頭の「XML宣言」「文書型宣言」「スタイルシート処理命令」「XMLテキストの本体」で構成するんだ。

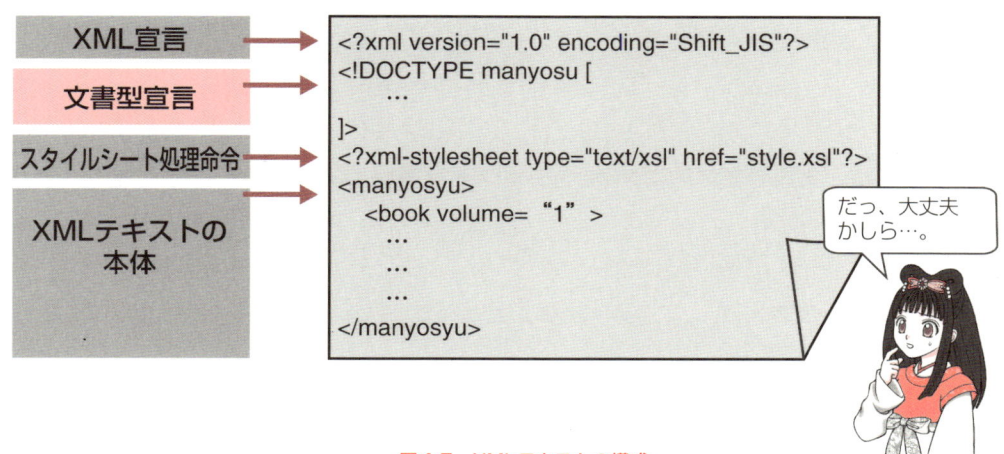

XML宣言	`<?xml version="1.0" encoding="Shift_JIS"?>`

文書型宣言	`<!DOCTYPE manyosu [`
	　…
	`]>`

スタイルシート処理命令	`<?xml-stylesheet type="text/xsl" href="style.xsl"?>`

XMLテキストの本体	`<manyosyu>`
	　`<book volume="1">`
	　　…
	　　…
	　　…
	`</manyosyu>`

だっ、大丈夫かしら…。

図4-5　XMLテキストの構成

なっ、なんだか難しそうね。「なんとか宣言」ってなんなの？「文書型宣言」って万葉集のDTDを考えたときに出てきたけど。

そんなに心配しなくってもいいよ。先頭の「XML宣言」が「このテキストはXMLですよ」っていう意味。「文書型宣言」はDTDを指定するものだよね。「スタイルシート処理命令」は「このXMLテキストを表示するのに使用するXSLファイルはこれですよ」っていう意味。

4 XMLの書き方(概説)

うっ、うん…。

「XML宣言」は、いまはこのまま「おまじない」だと思っておいて。「スタイルシート処理命令」は、あとでサンプルを作るときに詳しく説明するからね。一応、「XML宣言」については、簡単に説明しておくね。

- version="1.0"は、XMLのバージョンが"1.0"という意味
- encoding="Shift_JIS"は、「このXMLテキストの文字コードが"Shift_JISです」っていう意味

XMLのバージョンは、いまは"1.0"しかないからね。また、僕たちが作るサンプルのXMLテキストはWindowsで作成するので、encoding="Shift_JIS"固定って考えておいて。

あっ、そうなの…。でも、やっぱりまだよく分からないから心配だわ。

そうだね。あとで具体的にXMLをテキストを書いてみるから、そのときにはわかるようになると思うよ。

うん…。

TIPS スタイルシート処理命令

スタイルシート処理命令に関しては、Associating Style Sheets with XML documents Version 1.0 という規約が1999年6月29日勧告となっています。（1999年1月11日改訂）

http://www.w3.org/TR/xml-stylesheet/

ここでは、XMLテキストにどのスタイルシートを適用するのかを指定する方法について記載されています。ここではその詳細は省略させていただきますが、CSSを適用する場合とXSLを適用する場合の書き方の例を載せておきます。なお、typeはMIMEタイプです。

cssの例

```
<? xml-stylesheet href  = "http://sample.co.jp/sample.css"
                  title = "sample-css"
                  type  = "text/css"                       ?>
```

xslの例

```
<? xml-stylesheet href  = "http://sample.co.jp/sample.xsl"
                  title = "sample-xsl"
                  type  = "text/xsl"                       ?>
```

＊CSSの使用については、「Chapter9.8 CSSだけでできること」でご紹介いたします。

Part5

XMLを書いてみよう

5 XMLを書いてみよう

Chapter5.1 万葉集のXMLテキストを作る

前に考えた万葉集のDTDよりずっと簡単な構造でタグ付けして、サンプルのXMLテキストを作ってみましょう。

万葉集をXMLで表すための構造を決める

まず、XMLで書いた万葉集テキストが無いとどうしようもないよね。単純なテキストはすでにあるから、これを利用しようね。

うん。でも、XMLにするにはタグを付けていかなきゃいけないでしょ。前にたけちといっしょに考えた万葉集のDTDに従ってタグ付けすればいいのよね。

うん。でもあのままではちょっとサンプルとしては複雑になるから、もっと簡単なものにするね。

なんだか強引な感じもするけど、たけちにまかせるわ。

では、ぼくが練習用に考えた「万葉集第1巻抜粋の構造」を図で説明するね。これにしたがってタグ付けをするんだ。
簡単に構造を説明するね。万葉集は巻があって、その巻の中には歌がたくさんあります。歌は、歌番号・原文・作者・読み・イメージ・意味があります。いい？

図にはpoem（歌）が二つしか書いてないけど、たくさんあるのを省略しただけなのよね。そうでしょ？

そうそう。あと、イメージのところには**写真のファイル名**が入るんだ。

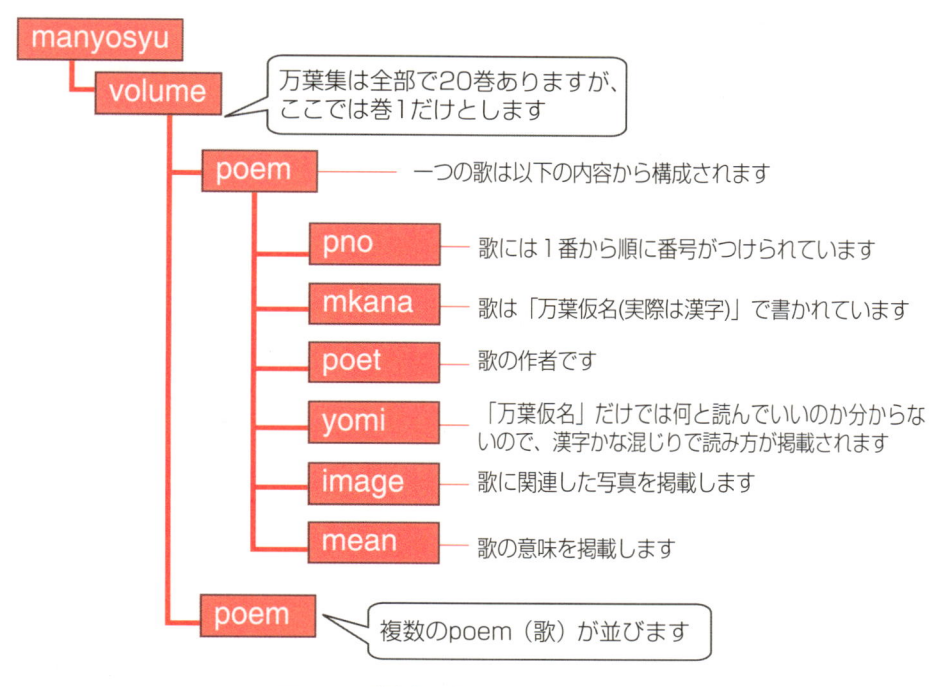

```
manyosyu
   └─ volume ── 万葉集は全部で20巻ありますが、
      │         ここでは巻1だけとします
      ├─ poem ── 一つの歌は以下の内容から構成されます
      │    ├─ pno ── 歌には1番から順に番号がつけられています
      │    ├─ mkana ── 歌は「万葉仮名(実際は漢字)」で書かれています
      │    ├─ poet ── 歌の作者です
      │    ├─ yomi ── 「万葉仮名」だけでは何と読んでいいのか分からな
      │    │         いので、漢字かな混じりで読み方が掲載されます
      │    ├─ image ── 歌に関連した写真を掲載します
      │    └─ mean ── 歌の意味を掲載します
      └─ poem ── 複数のpoem（歌）が並びます
```

図5-1　万葉集第1巻抜粋の構造（サンプル）

だいたいわかったわ。で、単純な万葉集テキストにタグを付けて図のような構造のXMLテキストにするにはどうすればいいの？

じゃあ、次でタグ付けをしようね。

わ〜い!!

5 XMLを書いてみよう

構造に従ってタグ付けをする

まず、XMLの書き方のパターンを説明しようね。「Chapter4.2 XMLテキストの構成」（73ページ）で説明したことを思い出して。ここでは、「文書型宣言」は省略してあるよ。次のテキストを見て。1行目が「このテキストはXMLですよ」っていう意味の「XML宣言」だよね。2行目は「このXMLテキストを表示するのに使用するXSLファイルはこれですよ」っていう意味。3行目から、さっき見せた「万葉集第1巻抜粋の構造（サンプル）」に従ったタグ付けテキストを書くんだ。

```
1行目： <?xml version="1.0" encoding="Shift_JIS"?>
2行目： <?xml-stylesheet type="text/xsl" href="style.xsl"?>
3行目以降： …万葉集第1巻抜粋の構造にしたがったタグ付きテキスト…
```

あっ、これだけでいいのね。よかったぁ〜。もっといろいろと書かなくちゃいけないのかと思ってた。心配して損した。

じゃあ、すでに説明した「万葉集第1巻抜粋の構造」を3行目以降に書いてみよう。まず、元の単純なテキストの一つとして8番の歌を次に載せるね。

8番の歌の単純テキスト

歌番号： 8
原文： 熟田津尓 船乗世武登 月待者 潮毛可奈比沼 今者許藝乞菜
作者： 額田王
読み： 熟田津に船乗りせむと月待てば潮もかなひぬ今は漕ぎ出でな
意味： 熟田津（にきたつ）で、船を出そうと月を待っていると、いよいよ潮の流れも良くなってきた。さあ、いまこそ船出するのです。

あら、額田の歌ね。それぞれを\<pno\>とか\<mkana\>とかのタグで囲めばいいのよね。

80

5.1 万葉集のXMLテキストを作る

そうだね。でも、歌全体を<poem>タグで囲むことを忘れちゃだめだよ。

あっ、そっか。

次に、構造とタグ付けの対応関係を載せておくね。

8番の歌の単純テキスト
歌番号：8
原文　：熟田津尓　船乗世武登　月待者　潮毛可奈比沼　今者許藝乞菜
作者　：額田王
読み　：熟田津に船乗りせむと月待てば潮もかなひぬ今は漕ぎ出でな
意味　：熟田津(にきたつ)で、船を出そうと月を待っていると、いよいよ潮の流れも良くなってきた。さあ、いまこそ船出するのです。

構造にしたがってタグ付け

```
manyosyu                <manyosyu>
  volume                <volume>
    poem                <poem>          開始タグ
      pno               <pno>8</pno>
      mkana             <mkana>熟田津尓……今者許藝乞菜</mkana>
      poet              <poet>額田王</poet>
      yomi              <yomi>熟田津に……今は漕ぎ出でな</yomi>
      image             <image>image/m0008.jpg</image>   単純テキストには無いけど追加
      mean              <mean>熟田津(にきたつ)で、船を出そうと……</mean>
                        </poem>          終了タグ
                        <volume>
```

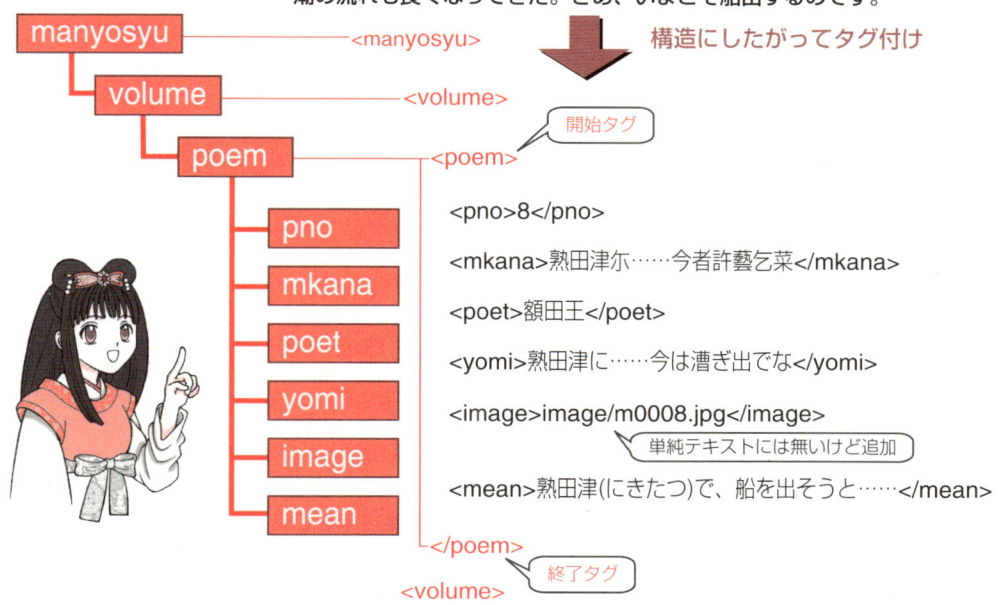

図5-2　万葉集歌の構造とタグ付けの対応関係

5　XMLを書いてみよう

うんうん。前のページの図で見せてくれた通りなのね。少しわかってきたような気がするわ。

どう？　ちょっと安心しただろ？！　もう少し「歌」を入れたXMLテキストのファイルを次に載せておくね。これは、"sample.xml"というファイル名で作っておくね。

タグ付けが完了したXMLテキスト（sample.xml）

```xml
<?xml version="1.0" encoding="Shift_JIS"?>
<?xml-stylesheet type="text/xsl" href="sample.xsl"?>
<manyosyu>
<volume no="1">
<poem>
    <pno>8</pno>
    <mkana>熟田津尓 船乗世武登 月待者 潮毛可奈比沼 今者許藝乞菜</mkana>
    <poet>額田王（ぬかたのおおきみ）</poet>
    <yomi>熟田津（にきたつ）に、船（ふな）乗りせむと、月待てば、潮もかなひぬ、今は漕（こ）ぎ出（い）でな</yomi>
    <image>image/m0008.jpg</image>
    <mean>熟田津（にきたつ）で、船を出そうと月を待っていると、いよいよ潮の流れも良くなってきた。さあ、いまこそ船出するのです。</mean>
</poem>
<poem>
    <pno>20</pno>
    <mkana>茜草指 武良前野逝 標野行 野守者不見哉 君之袖布流</mkana>
    <poet>額田王（ぬかたのおおきみ）</poet>
    <yomi>茜（あかね）さす、紫野行き標野（しめの）行き、野守（のもり）は見ずや、君が袖振る</yomi>
    <image>image/m0020.jpg</image>
    <mean>（茜色の光に満ちている）紫野、天智天皇御領地の野で、あぁ、あなたはそんなに袖を振ってらして、野守が見るかもしれませんよ。
    </mean>
</poem>
<poem>
    <pno>23</pno>
    <mkana>打麻乎 麻續王 白水郎有哉 射等篭荷四間乃 珠藻苅麻須</mkana>
    <poet>poet不明</poet>
    <yomi>打ち麻（そ）を、麻続（をみの）の王（おほきみ）、海人（あま）なれや、伊良虞（いらご）の
```

```
島の、玉藻(たまも)刈ります</yomi>
    <image>image/m0023.jpg</image>
    <mean>麻続(をみの)の王(おほきみ)さまは海人(あま)なのでしょうか、(いいえ、そうではいらっしゃらないのに、)伊良虞の島の藻をとっていらっしゃる・・・・・</mean>
</poem>
<poem>
    <pno>24</pno>
    <mkana>空蝉之　命乎惜美　浪尓所濕　伊良虞能嶋之　玉藻苅食</mkana>
    <poet>poet不明</poet>
    <yomi>うつせみの、命を惜しみ、波に濡れ、伊良虞(いらご)の島の、玉藻(たまも)刈(か)り食(は)む</yomi>
    <image>image/m0024.jpg</image>
    <mean>命惜しさに、波に濡れながら、伊良虞(いらご)の島の藻をとって食べるのです・・・<br />麻続(をみの)の王(おほきみ)が伊良虞の島に流された時、島の人がこれを哀しんで詠んだ歌を聞いて詠んだ歌ということです。　</mean>
</poem>
<poem>
    <pno>28</pno>
    <mkana>春過而　夏来良之　白妙能　衣乾有　天之香来山</mkana>
    <poet>持統天皇(じとうてんのう)</poet>
    <yomi>春過ぎて　夏来たるらし　白妙(しろたえ)の　衣干したり　天(あめ)の香具山(かぐやま)</yomi>
    <image>image/m0028.jpg</image>
    <mean>春が過ぎて、夏が来たらしい。白妙(しろたえ)の衣が香久山(かぐやま)の方に見える。</mean>
</poem>
<poem>
    <pno>37</pno>
    <mkana>雖見飽奴　吉野乃河之　常滑乃　絶事無久　復還見牟</mkana>
    <poet>柿本人麻呂(かきのもとのひとまろ)</poet>
    <yomi>見れど飽かぬ、吉野の川の、常滑(とこなめ)の、絶ゆることなく、またかへり見む</yomi>
    <image>image/m0037.jpg</image>
    <mean>何度見ても飽きることの無い吉野の川の常滑(とこなめ)のように、絶えること無く何度も何度も見にきましょう。</mean>
</poem>
</volume>
</manyosyu>
```

5 XMLを書いてみよう

Chapter 5.2 XMLテキストをInternet Explorer 5.xで表示する

XMLテキストの表示には、やっぱりXSLが必要ね。

XMLだけでは表示できない

あぁ、やっとこれでXMLテキストができたのね。なんだか、うれしいわ。
じゃあ、さっそくInternet Explorer 5.xで見てみるね!!

あっ、さらら、ちょっと待って…。

わぁ～!!

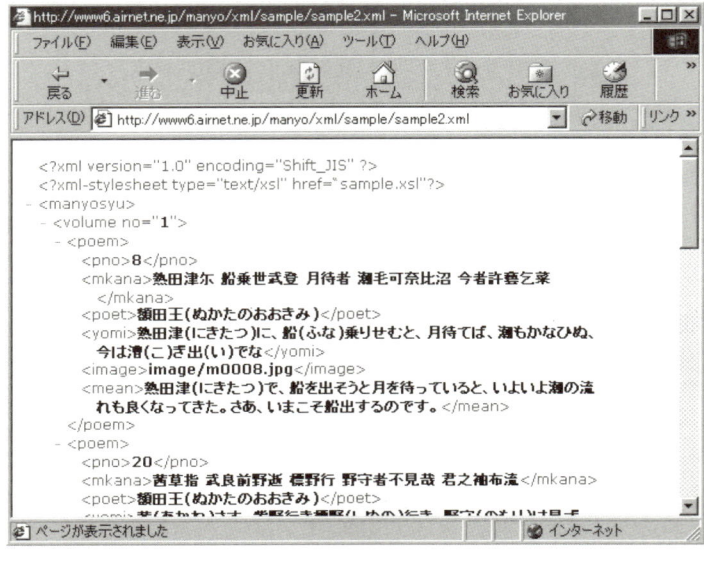

```
<?xml version="1.0" encoding="Shift_JIS" ?>
<?xml-stylesheet type="text/xsl" href="sample.xsl"?>
- <manyosyu>
  - <volume no="1">
    - <poem>
        <pno>8</pno>
        <mkana>熟田津尓 船乗世武登 月待者 潮毛可奈比沼 今者許藝乞菜
          </mkana>
        <poet>額田王(ぬかたのおおきみ)</poet>
        <yomi>熟田津(にきたつ)に、船(ふな)乗りせむと、月待てば、潮もかなひぬ、
          今は漕(こ)ぎ出(い)でな</yomi>
        <image>image/m0008.jpg</image>
        <mean>熟田津(にきたつ)で、船を出そうと月を待っていると、いよいよ潮の流
          れも良くなってきた。さあ、いまこそ船出するのです。</mean>
    </poem>
    - <poem>
        <pno>20</pno>
        <mkana>茜草指 武良前野逝 標野行 野守不見哉 君之袖布流</mkana>
        <poet>額田王(ぬかたのおおきみ)</poet>
```

図5-3　さららがIE 5.xで見たXMLテキスト

5.2 XMLテキストをInternet Explorer 5.xで表示する

あ～、びっくりした…。あれ、これって良く見るとたけちが説明してくれた図に似てるわ。

まったくおおげさなんだから…。でもよく気が付いたね。
Internet Explorer 5.xでは、XSLの指定が無いと、図のようにタグとテキストを表示するんだよ。

でも、これじゃあ、つまらないわ。XSLを書いてみましょうよ～。

だっ、だから最初に言ったのに…。

Part6

XMLを表示してみよう

6 XMLを表示してみよう

Chapter 6.1 XMLテキストをInternet Explorerで表示させる

XMLのサンプルを体験する最も簡単な方法の一つは、Internet Explorer5.xを使う方法なんですよ。

ブラウザでの表示にはXSLとCSSを活用する

まず、XMLで書いたテキストをMicrosoft社のInternet Explorerで表示するまでの流れを確認しよう。

うん。残念だけど、ここではNetscapeは使わないのね。

下の図を見て。前にも言ったように、XMLテキストを表示するにはXSL（eXtensible Stylesheet Language）とCSSを使うんだ。

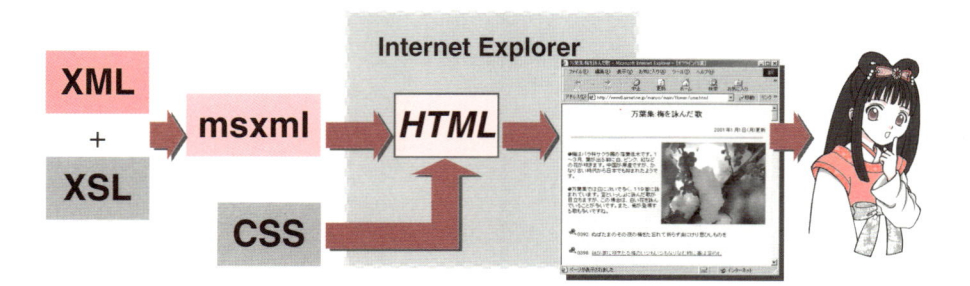

msxml : Microsoft XML processor
XSL : eXtensible Stylesheet Language
CSS : Cascading Style Sheet

図6-1　XMLテキストをIEで表示するときの流れ

6.1 XMLテキストをInternet Explorerで表示させる

ふ〜ん…。ねぇ、Internet Explorerって書いてある箱の中にHTMLって書いてあるけど、これってどういうこと？

あぁ。実はね。Internet ExplorerはXMLとXSLを読み込んで、（内部的に）HTMLを作るんだ。それにCSSの指定を当てはめて画面に表示するんだよ。

あっ、そうなんだぁ…。じゃあ、もしかしてXSLってXMLからHTMLを作るためのものなの？

そうだね。ここでは、そう考えてていいよ。そのためのプログラムmsxmlがInternet Explorer5.xには必要なんだ。

「えむえす・えっくすえむえる」？

msxmlはXMLテキストを読み込んで、XSLの指定に従ってHTMLを作ってくれるんだ。

そうなの。

6 XMLを表示してみよう

Chapter 6.2 msxml2（IE5.x）とmsxml3でのXSL対応機能の違い

本書でのXSLのサンプルを実行させるには、msxml3が必要になります。

XSLTの規格

XSLTの規格は、1999年にW3Cで正式に決められた（勧告）仕様があるけど、Internet Explorer 5.x（5.01か5.5）に含まれるmsxml2では対応してなかったんだ。だけど、Internet Explorer 5.xの環境にmsxml（Microsoft社のxml処理ソフト）の新しいバージョンをインストールすると、勧告仕様に近い機能を使うことができるんだ。

へぇ～。えっ、XSLTって??

あっ…。

何か隠してるでしょ～、わかるのよ。

じっ、じゃあ。説明しておくね…。 XSLは「XMLで表現された構造化テキストを人に分かるように画面に表示したり、紙に印刷したりするためのスタイルシート」なんだ。

うんうん。

6.2 msxml2（IE5.x）とmsxml3でのXSL対応機能の違い

そのXSLは1997年からW3Cで策定が始まったようなんだけど、検討を進めていくうちに次の二つのことをきちんと分けたほうが良いということになったんだ。

　1. XMLテキストを表示・印刷用に変換すること
　2. 表示・印刷用に変換された結果をレイアウトすること

えっ？　どっちもおんなじことのように思えるけど…。

「1.XMLテキストを表示・印刷用に変換すること」っていうのは、元のXMLテキストから表示・印刷したい構造や文字列を取り出したり、内容の順序を変更したりすること。「2.表示・印刷用に変換された結果をレイアウトすること」は変換したXMLテキストをどのように表示・印刷するかを決めること、たとえば文字の大きさを決めたり図の位置を決めたり、とかね。

あら、「2.表示・印刷用に変換された結果をレイアウトすること」ってCSSでできるようなことなんじゃないの？

そうそう。それで、XSLの標準化を検討しているうちに、「1.XMLテキストを表示・印刷用に変換すること」が先に決まっちゃったんだ。それが、XSLT(XSL Transform)なんだよ。

　http://www.w3.org/TR/xslt

ふぅ～ん。じゃぁ、「2.表示・印刷用に変換された結果をレイアウトすること」のほうはどうなったの？

それが…まだ勧告にはなっていないんだ。それに、その仕様に従ったソフトウェアも簡単に使えるものがないんだ。

　http://www.w3.org/TR/xsl

6 XMLを表示してみよう

へぇ〜。そうなんだ。じゃぁ、いったいどうしたらいいのかしら…。

だからいまのところは、Internet Explorerといっしょに使えるmsxml3をXSLTを処理するものとして使ってHTMLに変換して、レイアウトにCSSを使うって方法をとっているんだね。ここで、もういちど図にしておくね。

msxml : Microsoft XML processor
XSL : eXtensible Stylesheet Language
CSS : Cascading Style Sheet

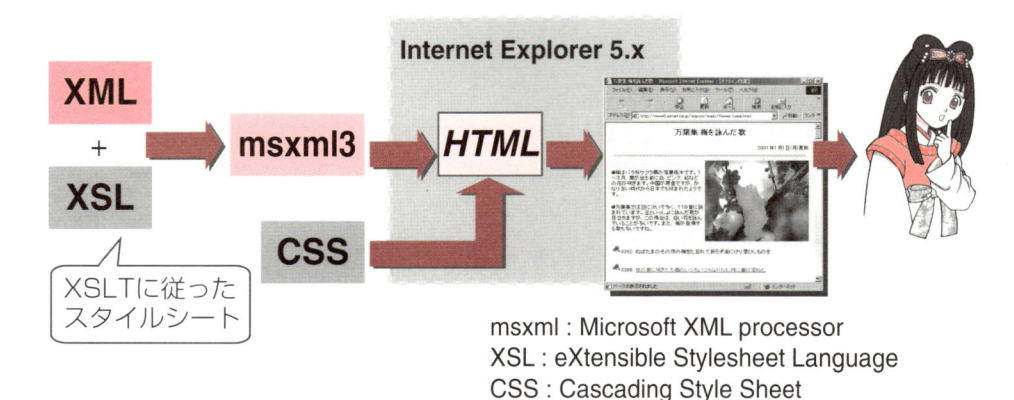

図6-2　XMLテキストを表示する流れ

じゃぁ、Internet Explorer 5.xとmsxml3でどんな機能が使えるようになるのか主なものを簡単な表にしておくね。

xslt標準	msxml2 (IE5.x)	msxml3
xsl:apply-imports		○
xsl:apply-templates	○	○
xsl:attribute	○	○
xsl:attribute-set		○
xsl:call-template		○
xsl:choose	○	○
xsl:comment	○	○
xsl:copy	○	○
xsl:copy-of		○
xsl:decimal-format		○
xsl:element	○	○
xsl:fall-back		○
xsl:for-each	○	○
xsl:if	○	○

6.2 msxml2（IE5.x）とmsxml3でのXSL対応機能の違い

xslt標準	msxml2 (IE5.x)	msxml3
xsl:import		○
xsl:include		○
xsl:key		○
xsl:namespace-alias		○
xsl:number		○
xsl:otherwise	○	○
xsl:output		○
xsl:param		○
xsl:preserve-space		○
xsl:processing-instruction	○	○
xsl:sort		○
xsl:strip-space		○
xsl:stylesheet	○	○
xsl:template	○	○
xsl:text	○	○
xsl:transform		○
xsl:value-of	○	○
xsl:variable		○
xsl:when	○	○
xsl:with-param		○

わぁ、意外とたくさんあるのね。それに何だか難しそうな言葉がいっぱいで心配だわ。私にも分かるのかしら…。

うん。全部は紹介できないかもしれないけど、少しずつこれからサンプルを作って勉強してみようと思うんだけど、どう？

そうねぇ、たくさんあるわね。少しずつなら、ね。

6 XMLを表示してみよう

Chapter 6.3 ブラウザとmsxml3の準備

Internet Explorer 5.xを用意して、msxml3をダウンロードしてインストールして下さいね。

まずはダウンロードから

これから後のXSLサンプルを動かして見るためには、Internet Explorer 5.xとmsxml3が必要になるので、まずそれを手に入れよう。

えっ、どこかから買ってくるの？

msxml3は次のサイトからダウンロードして、インストールするんだ。

Microsoft XML Parser Version 3.0 Releaseの新機能
http://www.microsoft.com/japan/developer/workshop/xml/general/xmlparser.asp

あら、ただで使えるのね。

ここをクリックしてね

図6-3 msxml3のダウンロードサイト

6.3 ブラウザとmsxml3の準備

適当なところ（例えば、「D¥temp」フォルダ）に「msxml3」をダウンロードしたら、そのmsxml3のアイコンをダブルクリックするとインストールができるからね。あと、msxml3を使えるようにするには、次の作業が必要なんだ。

えっ、そうなの!?

次のサイトから"Xmlinst.exe Replace Mode Tool"のダウンロードサイトへ行って、Xmlinstをダウンロードしてファイルを解凍してから、そのXmlinst（xmlinst.exe）をダブルクリックするといいよ。

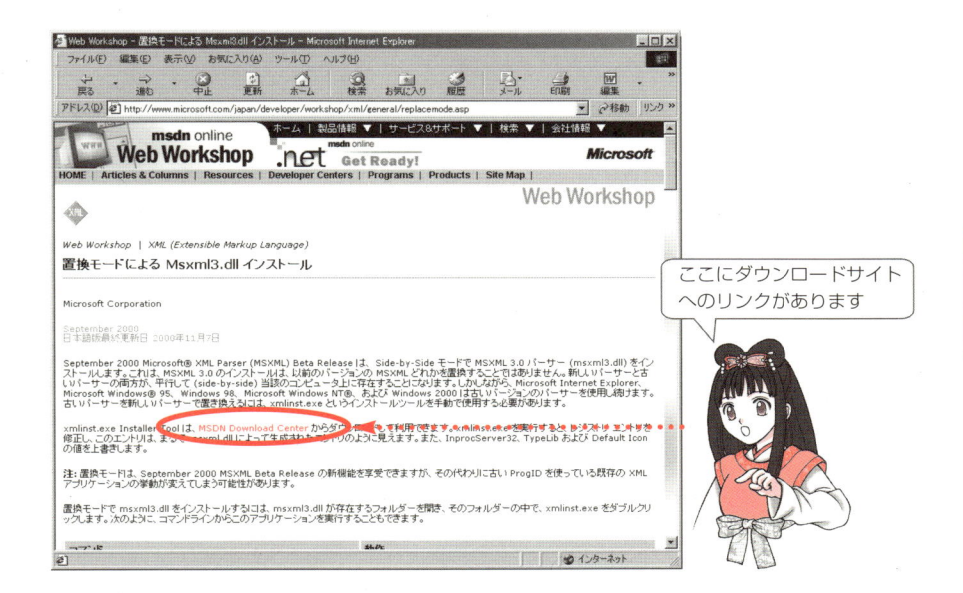

ここにダウンロードサイトへのリンクがあります

図6-4　置換モードによるmsxml3.dllインストールサイト

6 XMLを表示してみよう

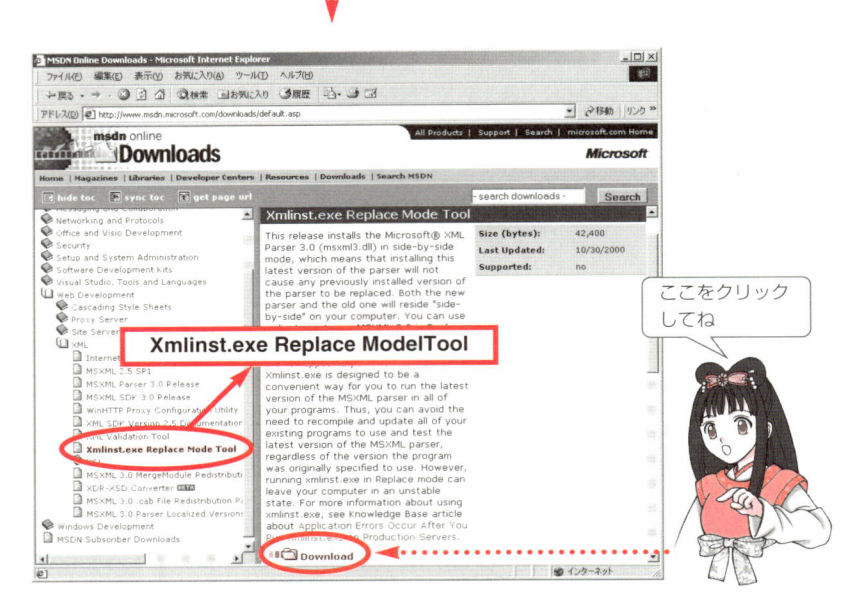

図6-5　Xmlinstのダウンロードサイト

…終わったよ。思ったほどは難しくなかったわ。ダウンロードにちょっと時間がかかったけど。

じゃあ、準備ができたらサンプルに挑戦だね。

は～い!!

補足:msxml3のインストールがうまく行かない時

msxml3をインストールしようとしてmsxml3.exeを実行したときに、次のメッセージが表示されるときがあります。

"Error creating process . Reason:指定されたファイルが見つかりません。"

このような場合は、インストーラが古いので次のサイトからをお使いのWindows用の「Windows Installer」をダウンロードしてください。

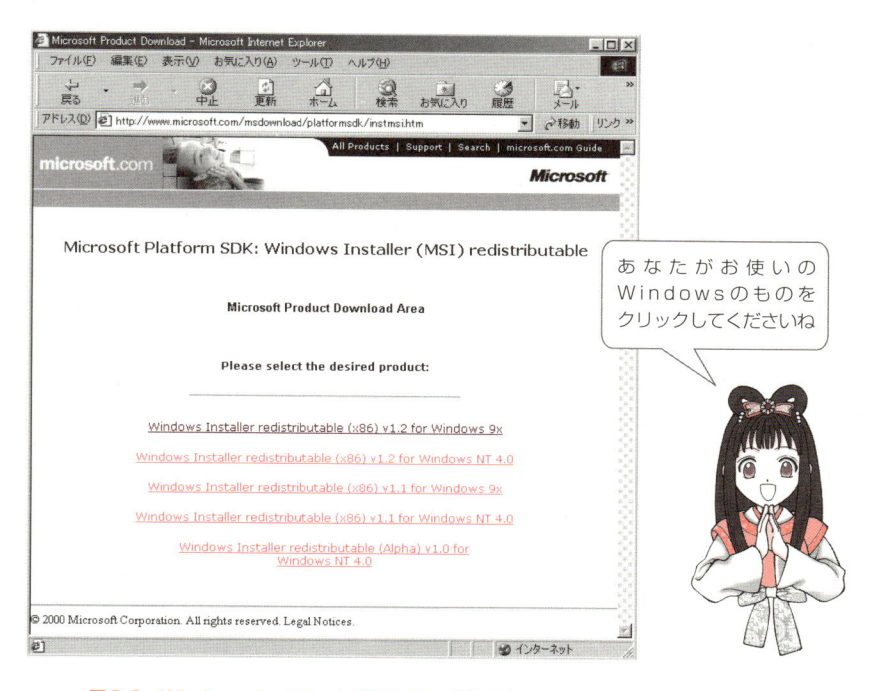

図6-6 Windows Installerのダウンロードサイト

6 XMLを表示してみよう

Chapter 6.4 XSLの書き方の基本

たけちは簡単だって言うけど、やっぱり文法って難しそう。でも、次からは簡単なサンプルらしいから…

簡単な例で覚えよう

じゃぁ、いきなり難しいことしないで、まずはテキストを表示させよう。それで少しずつ形を作っていこうね。最初は、ともかくテキストを表示させよう。XSLの書き方のパターンを次に載せておくね。

```
<?xml version="1.0" encoding="Shift_JIS"?>
<xsl:stylesheet version="1.0"
 xmlns:xsl="http://www.w3.org/1999/XSL/Transform">
<xsl:template match="/">
…ここに、XSLの指定をしてHTMLを生成します
</xsl:template>
</xsl:stylesheet>
```

ふ〜ん…。あら、最初の1行目って前に書いたXMLテキスト（万葉集第1巻抜粋のXMLファイル）の書き方と同じなのね。

そうそう。2行目は、「これはXSLでスタイルを指定します。」という意味だね。次の<xsl:template>タグは、XSLの指定の始まりを示していて、下から2行目の</xsl:template>タグは、XSLの指定の終わりを示しているんだ。実際には、色々な指定をするために<xsl:template>タグで囲まれた指定がたくさん必要になるんだ。

あっ、やっぱり…。きっとそのうちついて行けなくなっちゃうんだわ…。

XSLの書き方の基本　6.4

あっ、心配させちゃってごめんね。できるだけ少しずつ説明するからね。さららは、HTMLがわかるんだから心配ないよ!!

うっ、うん…。

とにかくXSLを使って、XMLで書いた歌を表示してみようよ。
さっ、次へ行こう!!

6 XMLを表示してみよう

Chapter 6.5 簡単なXSLを書いてみよう

xsl:value-ofだけを使う簡単なサンプルからはじめましょう。

XMLテキストとXSLテキストでHTMLを作成する

とにかく書いてみようね。次に一番簡単な表示をするXSLを載せてみるよ。`<html>`から`</html>`の個所は、ほとんどがHTMLタグだね。前に言ったけど、Internet Explorer 5.xでXMLを表示させるには、XMLテキストとXSLテキスト（スタイルシート）を使ってHTMLを作るようにするんだ。

```xml
<?xml version="1.0" encoding="Shift_JIS"?>
<xsl:stylesheet version="1.0"
 xmlns:xsl="http://www.w3.org/1999/XSL/Transform">
<xsl:template match="/">
   <html>
   <head>
   <title>たのしいXML:基本サンプル-1</title>
   </head>
   <body>
   <p align="center">万葉集第1巻抜粋:とにかく表示してみよう</p>
   <p><xsl:value-of select="manyosyu" /></p>
   </body>
   </html>
</xsl:template>
</xsl:stylesheet>
```

色付きの文字のところで、「XMLテキストの中から、"manyosyu"というタグの下の文字（テキスト）を全部持ってきて、ここ（`<p>`タグ：段落タグの間）に入れてください。」という指定をしているんだよ。
前に載せたXMLの構造図に印を付けておくから見ておいて。

6.5 簡単なXSLを書いてみよう

ふ〜ん。そうかぁ…。これを見ていると、なんだか、HTMLテキストにXSL指定が混ざりこんでいるって感じね。さっき、たけちが「さららは、HTMLがわかるんだから心配ないよ!!」って言った意味がわかったわ。少しだけど、ほっとしたわ。

```
manyosyu                "万葉集(manyosyu)"の下、全部
   └─ volume
        ├─ poem
        │    ├─ pno     ── 8
        │    ├─ mkana   ── 熟田津尓 船乗世武登…
        │    ├─ poet    ── 額田王（ぬかたのおおきみ）
        │    ├─ yomi    ── 熟田津(にきたつ)に、
        │    ├─ image   ── image/m0008.jpg
        │    └─ mean    ── 熟田津(にきたつ)で船を出そうと
        └─ poem
             ├─ pno     ── 20
             └─ mkana   ── 茜草指 武良前野逝…
```

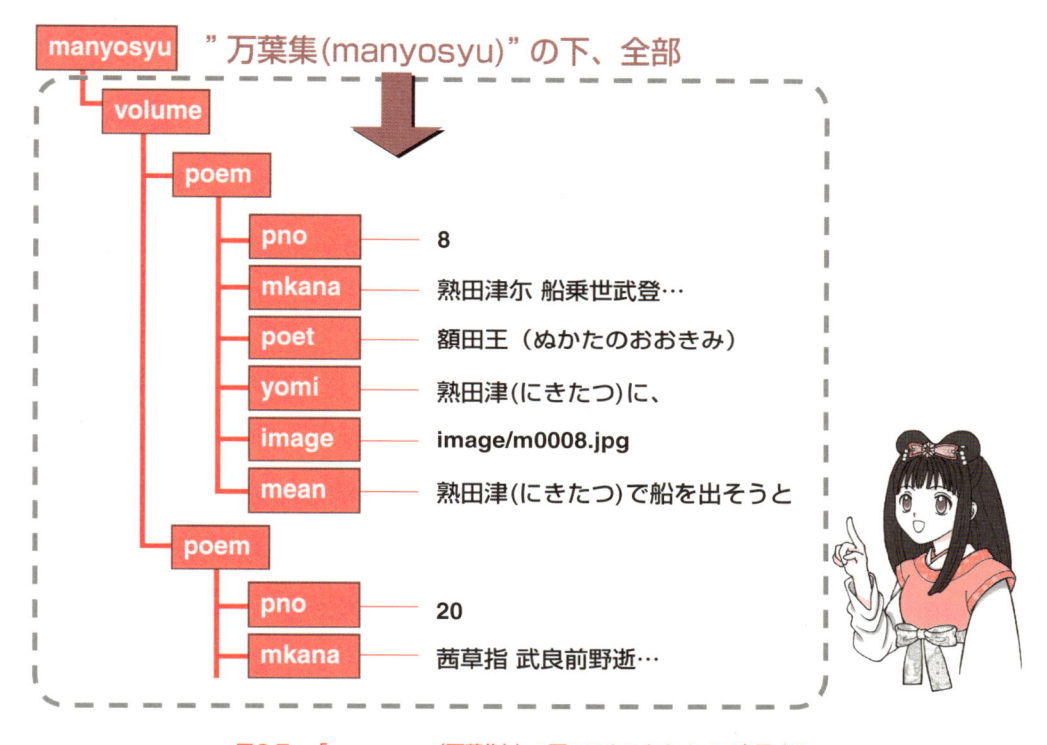

図6-7 「manyosyu（万葉集）」の下のテキストをすべて表示する

じゃあ、このXSLテキストを"sample-1.xsl"というファイルにして、実際にどうなるか見てみようね。次のテキストをクリックしてみて。あっ、そうそう。前回作ったXMLテキストの2行目に

`<?xml-stylesheet type="text/xsl" href="sample-1.xsl"?>`

という行を追加しているからね。そうしないと、せっかく作ったXSLが使われないからね。

6 XMLを表示してみよう

万葉集第1巻抜粋のXMLファイル　sample-1.xml（前述で説明したXSLを適用）

```xml
<?xml version="1.0" encoding="Shift_JIS"?>
<?xml-stylesheet type="text/xsl" href="sample-1.xsl"?>
<manyosyu>

 <volume no="1">

    <poem>
        <pno>8</pno>
        <mkana>熟田津尓 船乗世武登 月待者 潮毛可奈比沼 今者許藝乞菜</mkana>
        <poet>額田王(ぬかたのおおきみ)</poet>
        <yomi>
            熟田津(にきたつ)に、船(ふな)乗りせむと、月待てば、潮もかなひぬ、今は漕(こ)ぎ出(い)でな
        </yomi>
        <image>image/m0008.jpg</image>
        <mean>熟田津(にきたつ)で、船を出そうと月を待っていると、いよいよ潮の流れも良くなってきた。
            さあ、いまこそ船出するのです。
        </mean>
    </poem>
    <poem>
        <pno>20</pno>
        <mkana>茜草指 武良前野逝 標野行 野守者不見哉 君之袖布流</mkana>
        <poet>額田王(ぬかたのおおきみ)</poet>
        <yomi>
            茜(あかね)さす、紫野行き標野(しめの)行き、野守(のもり)は見ずや、君が袖振る
        </yomi>
        <image>image/m0020.jpg</image>
        <mean>(茜色の光に満ちている)紫野、天智天皇御領地の野で、あぁ、あなたはそんなに袖を振ってらして、
            野守が見るかもしれませんよ。
        </mean>
    </poem>
    <poem>
        <pno>23</pno>
        <mkana>打麻乎 麻續王 白水郎有哉 射等篭荷四間乃 珠藻苅麻須</mkana>
        <poet>作者不明</poet>
        <yomi>
            打ち麻(そ)を、麻続(をみの)の王(おほきみ)、海人(あま)なれや、伊良虞(いらご)の島の、玉藻(たまも)刈ります
        </yomi>
```

6.5 簡単なXSLを書いてみよう

```xml
                <image>image/m0023.jpg</image>
                <mean>麻続(をみの)の王(おほきみ)さまは海人(あま)なのでしょうか、(いいえ、そうではいらっしゃらないのに、)伊良虞の島の藻をとっていらっしゃる・・・・ </mean>
        </poem>
        <poem>
                <pno>24</pno>
                <mkana>空蝉之 命乎惜美 浪尓所濕 伊良虞能嶋之 玉藻苅食</mkana>
                <poet>作者poet不明</poet>
                <yomi>
                        うつせみの、命を惜しみ、波に濡れ、伊良虞(いらご)の島の、玉藻(たまも)刈(か)り食(は)む
                </yomi>
                <image>image/m0024.jpg</image>
                <mean>命惜しさに、波に濡れながら、伊良虞(いらご)の島の藻をとって食べるのです・・・ <br />麻続(をみの)の王(おほきみ)が伊良虞の島に流された時、島の人がこれを哀しんで詠んだ歌を聞いて詠んだ歌ということです。 </mean>
        </poem>
        <poem>
                <pno>28</pno>
                <mkana>春過而 夏来良之 白妙能 衣乾有 天之香来山</mkana>
                <poet>持統天皇(じとうてんのう)</poet>
                <yomi>
                        春過ぎて 夏来たるらし 白妙(しろたえ)の 衣干したり 天(あめ)の香具山(かぐやま)
                </yomi>
                <image>image/m0028.jpg</image>
                <mean>春が過ぎて、夏が来たらしい。白妙(しろたえ)の衣が香久山(かぐやま)の方に見える。 </mean>
        </poem>
        <poem>
                <pno>37</pno>
                <mkana>雖見飽奴 吉野乃河之 常滑乃 絶事無久 復還見牟</mkana>
                <poet>柿本人麻呂(かきのもとのひとまろ)</poet>
                <yomi>
                        見れど飽かぬ、吉野の川の、常滑(とこなめ)の、絶ゆることなく、またかへり見む
                </yomi>
                <image>image/m0037.jpg</image>
                <mean>何度見ても飽きることの無い吉野の川の常滑(とこなめ)のように、絶えること無く何度も何度も見にきましょう。
                </mean>
        </poem>

 </volume>

</manyosyu>
```

6 XMLを表示してみよう

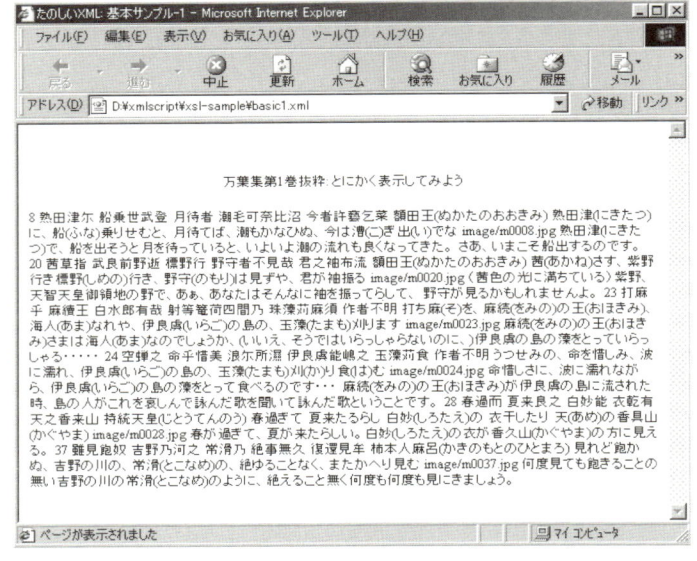

図6-8 表示結果

あっ、出た出た!! あれ〜。文字がみ〜んなつながってるよ。いいの？ こんなので？

うん。このXSLの指定だとこうなるんだ。先頭の文字、「万葉集第1巻抜粋:とにかく表示してみよう」はXSLの中で、指定したものがそのまま表示されているよね。

それから、`<xsl:value-of select="manyosyu" />`って指定したところに、「manyosyu（万葉集）」の下の「volume（巻）」の下にあるすべての「poem（歌）」の「pno（歌番号）」「mkana（原文）」「poet（作者）」「yomi（読み）」「image（イメージ）」「mean（意味）」のタグで囲ってあるテキスト（文字列）が表示されているよね。

そうね。見た目はともかく、XSLでXMLを表示することができたのね。

これはとりあえずの第一歩。次は、もう少しマシな感じに見えるようにしようね。

うん。たのしみだわ。

Part7

XSLサンプル

7 XSLサンプル

Chapter7.1 歌の読みだけを表示（xsl:template）

ここでは、すべての歌の読みだけを表示させるサンプルでXSLのはたらきを覚えていきましょう。

指定した箇所だけを表示する

これまでのサンプルは、ほんとうにとりあえずって感じですべてのテキストを表示させたけど、み～んなつながっちゃって面白くなかったよね。ここでは、XMLサンプルテキスト中の**すべての歌の「読み」だけを表示**させてみよう。

あら、そこだけ表示なんてことできるの？

うん。というか、XSLでは元のXMLテキストの中のどのタグのテキストを表示したいかを指定する必要があるんだよ。

ふ～ん。まだちょっとわかんないわ。

じゃあ、ともかく**XMLサンプルテキスト中のすべての歌の「読み」だけを表示**ということは、XSLで何をするのかってことを図に示しておくね。
今回も、まだ簡単のために、<p>～</p>タグで囲んで歌の読みをそれぞれひとつの段落として表示するようにするね。

7.1 歌の読みだけを表示（xsl:template）

XMLテキスト 万葉集第1巻抜粋

manyosyu
└ volume
    └ poem
        ├ pno
        ├ mkana
        ├ poet
        ├ yomi
        ├ image
        └ mean
    └ poem
        └ yomi
    └ poem

XSL

```
<xsl:template match="/">
<html>
<head>
<title>XSLサンプル：xsl:template;/title>
</head>
<body>
<p align="center">万葉集第1巻抜粋：
歌の読みを表示(1) xsl:template</p>
<xsl:apply-templates select="manyosyu" />
</body>
</html>
</xsl:template>

<xsl:template match="volume/poem">
<p><xsl:value-of select="yomi" /></p>
</xsl:template>
```

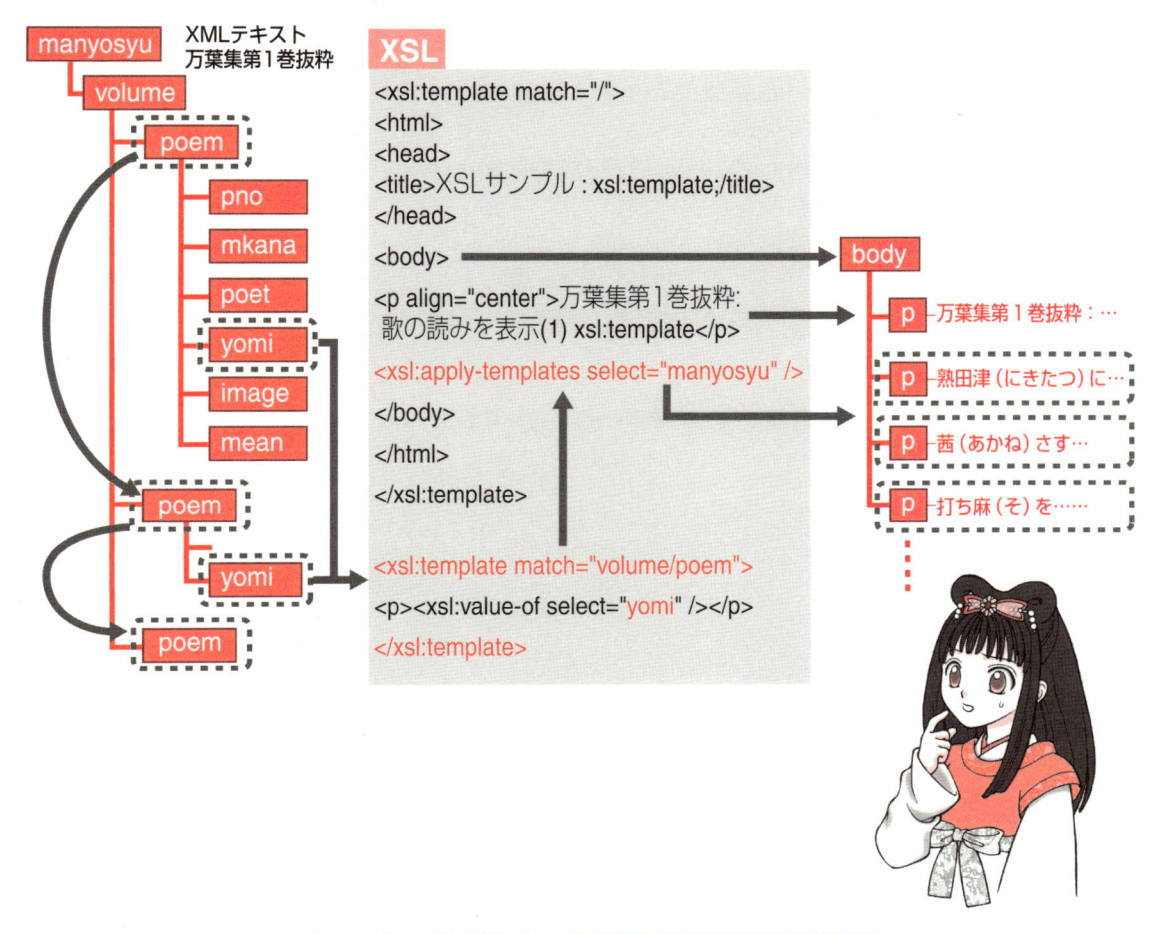

body
├ p ― 万葉集第1巻抜粋：…
├ p ― 熟田津（にきたつ）に…
├ p ― 茜（あかね）さす…
└ p ― 打ち麻（そ）を……

図7-1　全ての歌の読み（yomi）を表示するためにXSLですること

あぁ、雰囲気はとってもよくわかるわ。「歌（poem）」から「歌（poem）」への矢印は、全部の「歌（poem）」を見ていくって意味なのよね。そうでしょ。

そう、そうなんだ。じゃあ、このようにするためのXSLの指定を次に載せるね。そのXSLのリストに基づいて、どんな風に変換できるかを説明するね。

は～い。

7 XSLサンプル

```xml
<?xml version="1.0" encoding="Shift_JIS"?>
<xsl:stylesheet version="1.0"
xmlns:xsl="http://www.w3.org/1999/XSL/Transform">
<xsl:template match="/">
<html>
<head>
<title>XSLサンプル : xsl:template</title>
</head>
<body>
<p align="center">万葉集第1巻抜粋：歌の読みを表示(1)</p>
<xsl:apply-templates select="manyosyu/volume" />
</body>
</html>
</xsl:template>

<xsl:template match="volume/poem">
<p><xsl:value-of select="yomi" /></p>
</xsl:template>

</xsl:stylesheet>
```

全ての歌の読み（yomi）を表示するXSLのはたらき

最初にある `<xsl:template match="/">` は、XSLの始まりって思っていいのよね。

そうだね。そう思っていいよ。ここで重要なの働きをしているのは 次の二つだよ。

    `<xsl:apply-templates select="manyoshu/volume"/>`
    `<xsl:template match="volume/poem">`

へぇ～。どんな働きをしているの？　なんとなくペアになっている感じがするけど…。

7.1 歌の読みだけを表示（xsl:template）

そうそう。`<xsl:apply-templates select="manyoshu/volume"/>` は、「"manyosyu/volume"より下の部分についてのテンプレートルールを、ここに適用 (apply) するのでよろしくね。」っていう意味なんだ。

ふぅ～ん。「よろしくね。」って、「msxmlさん、よろしくねっ」って意味なんでしょ。テンプレートルールって、なぁに？

テンプレートルールは、元のXMLテキストのどのタグや属性が在ったときに、どんな変換をするのかを指定するものなんだ。ここでは、`<xsl:template match="volume/poem">`というところで次のような指定をしているんだ。

`<xsl:template match="volume/poem">`

元のXMLテキストの中に"volume/poem"が見つかったら、以下の文（ここでは`<xsl:value-of select="yomi" /></p>`だけですね）で指定されているルールを実行してください。

`<xsl:value-of select="yomi" /></p>`

元のXMLテキストの中の"volume/poem"の下の"yomi"のテキストをとってきてください。

なるほど、そうなんだぁ～。そうやって、"yomi"のテキストがHTMLの中に`<p>`熟田津（にきたつ）に、…`<p>`って入るのね。でも、「すべての"yomi"」ってどうやって指定しているの？

あっ、それはね。msxmlが「元のXMLテキスト内のすべての"volume/poem"の下の"yomi"」を探して処理してくれているんだよ。

あっ、そうなんだぁ～！　おおまかな流れについては分かったような気がするわ…。ともかく、前回のは、ぜ～んぶのテキストが表示されたけど、今回のXSL指定だと、「歌の読み」だけが表示されるのよね。

そうなんだ。それがわかってもらえたら十分だよ。じゃあ、このXSLテキストを"sample-2.xsl"というファイルにして、実際にどうなるか見てみようね。

7 XSLサンプル

次のテキストをクリックしてみて。あっ、そうそう。前回のXMLテキストと同じように、2行目は次のように記述して"sample-2.xml"というファイルを前回とは別に作成しているからね。

`<?xml-stylesheet type="text/xsl" href="sample-2.xsl"?>`

万葉集第1巻抜粋のXMLファイル sample-2.xml（前述で説明したXSLを適用）

```xml
<?xml version="1.0" encoding="Shift_JIS"?>
<?xml-stylesheet type="text/xsl" href="sample-2.xsl"?>
<manyosyu>
 <volume no="1">
   <poem>
        <pno>8</pno>
        <mkana>熟田津尓 船乗世武登 月待者 潮毛可奈比沼 今者許藝乞菜</mkana>
        <poet>額田王（ぬかたのおおきみ）</poet>
        <yomi>熟田津（にきたつ）に、船（ふな）乗りせむと、月待てば、潮もかなひぬ、今は漕（こ）ぎ出
(い)でな</yomi>
        <image>image/m0008.jpg</image>
        <mean>熟田津（にきたつ）で、船を出そうと月を待っていると、いよいよ潮の流れも良くなってき
た。さあ、いまこそ船出するのです。
        </mean>
   </poem>
   <poem>
        <pno>20</pno>
        <mkana>茜草指 武良前野逝 標野行 野守者不見哉 君之袖布流</mkana>
        <poet>額田王（ぬかたのおおきみ）</poet>
        <yomi>茜（あかね）さす、紫野行き標野（しめの）行き、野守（のもり）は見ずや、君が袖振る
        </yomi>
        <image>image/m0020.jpg</image>
        <mean>（茜色の光に満ちている）紫野、天智天皇御領地の野で、あぁ、あなたはそんなに袖を振
ってらして、野守が見るかもしれませんよ。
        </mean>
   </poem>
   <poem>
        <pno>23</pno>
        <mkana>打麻乎 麻續王 白水郎有哉 射等篭荷四間乃 珠藻苅麻須</mkana>
        <poet>作者不明</poet>
        <yomi>打ち麻（そ）を、麻続（をみの）の王（おほきみ）、海人（あま）なれや、伊良虞（いらご）の島
```

歌の読みだけを表示（xsl:template） 7.1

```
の、玉藻(たまも)刈ります</yomi>
        <image>image/m0023.jpg</image>
        <mean>麻続(をみの)の王(おほきみ)さまは海人(あま)なのでしょうか、(いいえ、そうではいらっしゃらないのに、)伊良虞の島の藻をとっていらっしゃる・・・・</mean>
    </poem>
    <poem>
        <pno>24</pno>
        <mkana>空蝉之 命乎惜美 浪尓所濕 伊良虞能嶋之 玉藻苅食</mkana>
        <poet>作者poet不明</poet>
        <yomi>
うつせみの、命を惜しみ、波に濡れ、伊良虞(いらご)の島の、玉藻(たまも)刈(か)り食(は)む
        </yomi>
        <image>image/m0024.jpg</image>
        <mean>命惜しさに、波に濡れながら、伊良虞(いらご)の島の藻をとって食べるのです・・・<br />麻続(をみの)の王(おほきみ)が伊良虞の島に流された時、島の人がこれを哀しんで詠んだ歌を聞いて詠んだ歌ということです。   </mean>
    </poem>
    <poem>
        <pno>28</pno>
        <mkana>春過而 夏来良之 白妙能 衣乾有 天之香来山</mkana>
        <poet>持統天皇(じとうてんのう)</poet>
        <yomi>
            春過ぎて 夏来たるらし 白妙(しろたえ)の 衣干したり 天(あめ)の香具山(かぐやま)
        </yomi>
        <image>image/m0028.jpg</image>
        <mean>春が過ぎて、夏が来たらしい。白妙(しろたえ)の衣が香久山(かぐやま)の方に見える。</mean>
    </poem>
    <poem>
        <pno>37</pno>
        <mkana>雖見飽奴 吉野乃河之 常滑乃 絶事無久 復還見牟</mkana>
        <poet>柿本人麻呂(かきのもとのひとまろ)</poet>
        <yomi>見れど飽かぬ、吉野の川の、常滑(とこなめ)の、絶ゆることなく、またかへり見む
        </yomi>
        <image>image/m0037.jpg</image>
        <mean>何度見ても飽きることの無い吉野の川の常滑(とこなめ)のように、絶えること無く何度も何度も見にきましょう。</mean>
    </poem>
 </volume>
</manyosyu>
```

7 XSLサンプル

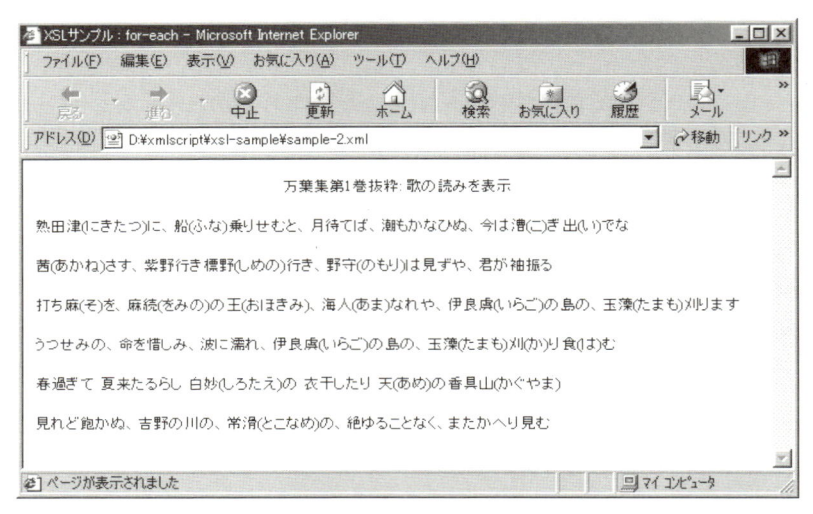

図7-2 sample-2.xmlの表示結果

あっ、出た出た!! だいたい想像していたとおりだわ!! なんだかうれしい。

よかった〜。

ねぇねぇ、たけちぃ〜。すこし面白くなってきたから、もっとかっこいい表示をしましょうよ〜。原文とか、イメージも入れたりして!!

そうだね。じゃあ、**表組を使って原文とか、イメージとかも表示してみようか。**

わ〜い!!

7.2 歌とイメージを表示 (xsl:attribute)

Chapter 7.2 歌とイメージを表示 (xsl:attribute)

テキストばかりじゃつまらないからイメージも表示しましょう。<img>タグにsrc属性を指定するにはどうしたらいいのかしら。

XMLの要素を読み込む

そうだね。じゃあ、<table>タグで原文とかイメージとかも表示してみようか。前回は、XMLサンプルテキスト中のすべての歌の「読み」だけを表示させてみたね。今回は、**ひととおり全部を表示**してみよう。 

わ〜い!! 

じゃあ今回のサンプルでは何をするのかってことを図に示しておくね。
まずは、どんな結果にしたいかを図にするね。 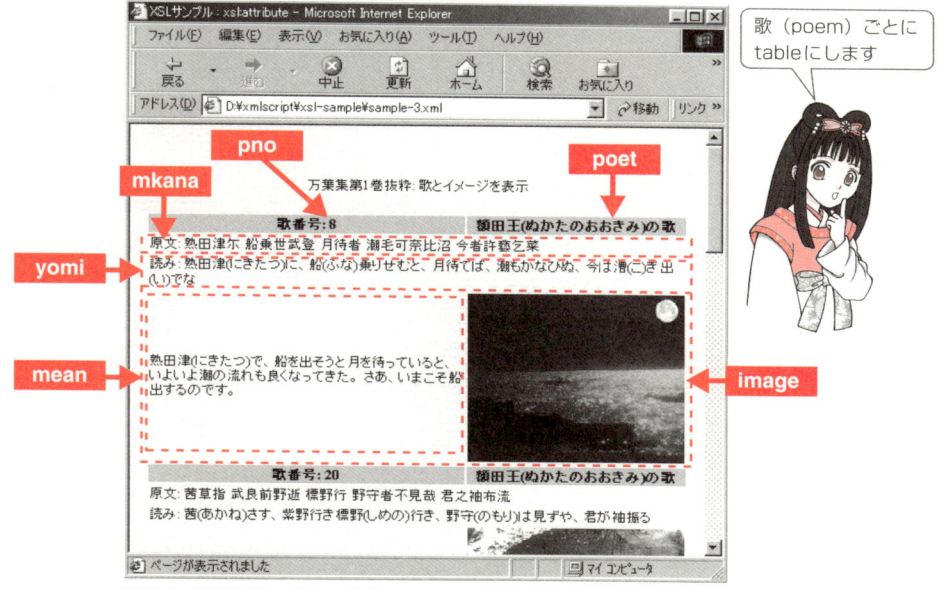

図7-3 歌の原文・読み・意味・イメージを表示しましょう

7 XSLサンプル

上の図にあるように、歌のすべて、つまり、歌番号・原文・作者・読み・意味・イメージのすべてをHTMLの表形式で表示します。それから次の図で、XSLでどういう風にHTMLを生成するかを示しておくね。HTMLの<table>タグは大体知っているよね。 

えぇ。もちろんすべてを覚えているわけじゃないけど、だいたい雰囲気はわかっているつもり。だいたいね。 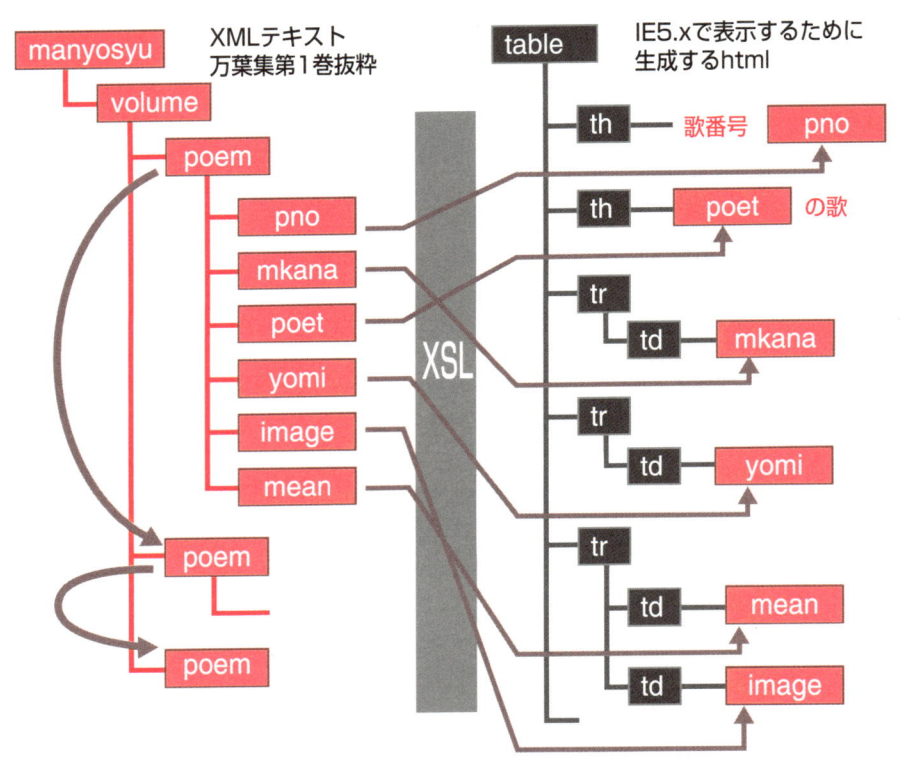

図7-4 歌とイメージを表示するためにXSLですること

7.2 歌とイメージを表示（xsl:attribute）

今回は、XSLをいっぺんに示す前に、それぞれをどのように表示指定するのかを歌の要素ごとに簡単に説明しま～す。

<th>歌番号: <xsl:value-of select="pno" /></th>

tableの見出しに"歌番号: nn"を表示してください。"nn"のところに、XMLテキストの「poem（歌）」の「pno（歌番号）」の内容（数字）が入ります。

<th><xsl:value-of select="poet" />の歌</th>

tableの見出しに"xxxxxの歌"を表示してください。"xxxx"のところに、XMLテキストの「poem（歌）」の「poet（作者）」の内容（テキスト）が入ります。

<td colspan="2">原文: <xsl:value-of select="mkana" /></td>

tableの行に"原文: xxxxxxxxx"を表示してください。"xxxxxxxxx"のところに、XMLテキストの「poem（歌）」の「mkana（原文）」の内容（テキスト）が入ります。

ちなみに、colspan="2"は、2列分の幅をとることを指定しています。

<td colspan="2">読み: <xsl:value-of select="yomi" /></td>

tableの行に"読み: xxxxxxxxx"を表示してください。"xxxxxxxxx"のところに、XMLテキストの「poem（歌）」の「yomi（読み）」の内容（テキスト）が入ります。

ちなみに、colspan="2"は、2列分の幅をとることを指定しています。

<td>意味: <xsl:value-of select="mean" /></td>

tableの行に"意味: xxxxxxxxx"を表示してください。"xxxxxxxxx"のところに、XMLテキストの「poem（歌）」の「mean（意味）」の内容（テキスト）が入ります。

ねぇ、さらら。イメージの表示はHTMLではどんな風に指定する？

う～ん、と。<img>タグにsrc="イメージのファイル名"って書けばよかったと思うけど…。

7 XSLサンプル

そうだね。その<img>タグを作るのとsrc="イメージのファイル名"をXSLで指定する方法は、数行に渡るので図にしておくね。srcは前にも言ったけど、<img>タグの「属性」で、src（属性：英語で「attribute」）って言うんだ。どう？ わかるよね？

html
```
<img src="image/m0028.jpg">
```

xsl
```
<img>
    <xsl:attribute name="src">
        <xsl:value-of select="image" />
    </xsl:attribute>
</img>
```

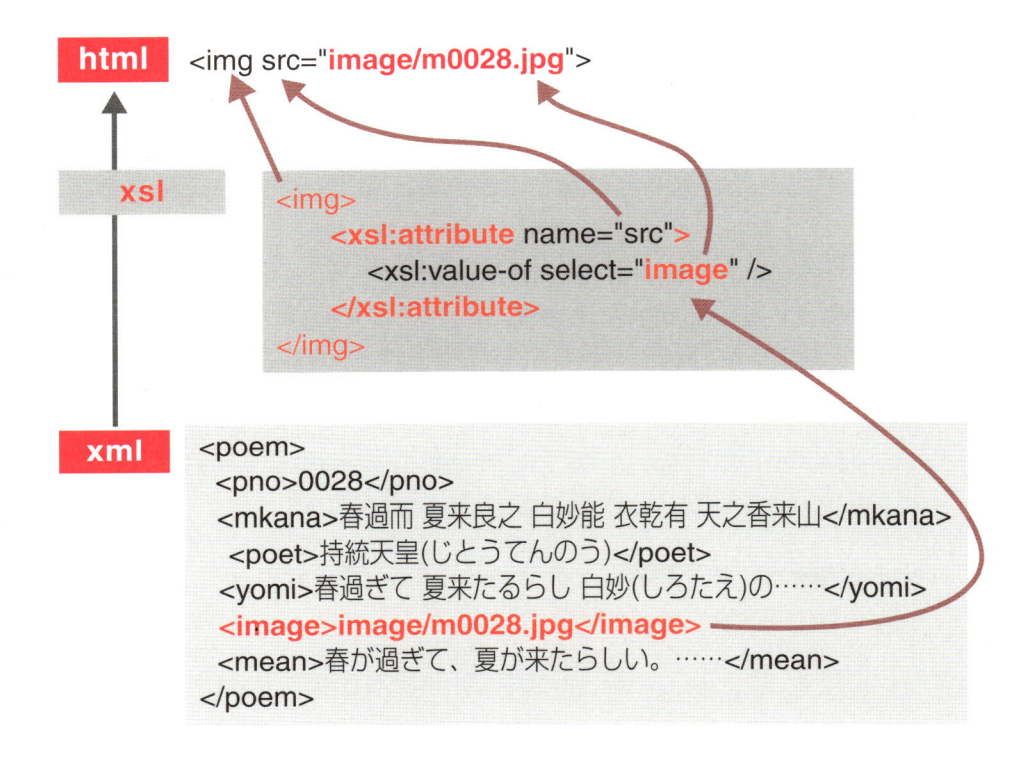

xml
```
<poem>
  <pno>0028</pno>
  <mkana>春過而 夏来良之 白妙能 衣乾有 天之香来山</mkana>
   <poet>持統天皇(じとうてんのう)</poet>
  <yomi>春過ぎて 夏来たるらし 白妙(しろたえ)の……</yomi>
  <image>image/m0028.jpg</image>
  <mean>春が過ぎて、夏が来たらしい。……</mean>
</poem>
```

図7-5 <img>タグを生成するXSL指定

うん。わかるわ!! 書くのはずいぶん面倒だけど、これだけ書いておけば、歌の全部のイメージが表示できるんでしょ、たけち。

そうそう。そうでなきゃ、こんな面倒なことしないよね。じゃぁ、いままで説明したものをぜんぶ入れたXSLのリストを次に載せるね。

7.2 歌とイメージを表示（xsl:attribute）

```xml
<?xml version="1.0" encoding="Shift_JIS"?>
<xsl:stylesheet version="1.0"
xmlns:xsl="http://www.w3.org/1999/XSL/Transform">
<xsl:template match="/">
<html>
<head>
<title>XSLサンプル : xsl:attribute</title>
<link rel="stylesheet" type="text/css" href="manyo.css" />
</head>
<body>
<p align="center">万葉集第1巻抜粋:歌とイメージを表示</p>
<xsl:apply-templates select="manyosyu/volume" />
</body>
</html>
</xsl:template>

<xsl:template match="manyosyu/volume/poem">

 <table border="0" width="500" align="center">
 <tr>
 <th>歌番号： <xsl:value-of select="pno" /></th>
 <th><xsl:value-of select="poet" />の歌</th>
 </tr>
 <tr>
 <td colspan="2">原文: <xsl:value-of select="mkana" /></td>
 </tr>
 <tr>
 <td colspan="2">読み: <xsl:value-of select="yomi" /></td>
 </tr>
 <tr>
 <td><xsl:value-of select="mean" /></td>
 <td>
 <img>
 <xsl:attribute name="src">
 <xsl:value-of select="image" />
 </xsl:attribute>
 </img>
 </td>
```

7 XSLサンプル

```
    </tr>
   </table>

</xsl:template>
</xsl:stylesheet>
```

じゃあ、このXSLテキストを"sample-3.xsl"というファイルにして、実際にどうなるか見てみようね。次のテキストをクリックしてみて。ここでも、前回のXMLテキストと同じように、2行目は

`<?xml-stylesheet type="text/xsl" href="sample-3.xsl"?>`

として、"sample3.xml"というファイルを前回とは別に作成しているからね。また、イメージを表示するために、"image"フォルダを作って、そこに表示に必要なイメージファイルを入れてあるからね。

万葉集第1巻抜粋のXMLファイル　sample-3.xml（前述で説明したXSLを適用）

```
<?xml version="1.0" encoding="Shift_JIS"?>
<?xml-stylesheet type="text/xsl" href="sample-3.xsl"?>
<manyosyu>
 <volume no="1">

   <poem>
        <pno>8</pno>
        <mkana>熟田津尓 船乗世武登 月待者 潮毛可奈比沼 今者許藝乞菜</mkana>
        <poet>額田王（ぬかたのおおきみ）</poet>
        <yomi>
             熟田津（にきたつ）に、船（ふな）乗りせむと、月待てば、潮もかなひぬ、今は漕（こ）ぎ出（い）でな
        </yomi>
        <image>image/m0008.jpg</image>
        <mean>熟田津（にきたつ）で、船を出そうと月を待っていると、いよいよ潮の流れも良くなってきた。さあ、いまこそ船出するのです。
        </mean>
   </poem>
   <poem>
        <pno>20</pno>
        <mkana>茜草指 武良前野逝 標野行 野守者不見哉 君之袖布流</mkana>
        <poet>額田王（ぬかたのおおきみ）</poet>
```

7.2 歌とイメージを表示（xsl:attribute）

```
            <yomi>
                    茜(あかね)さす、紫野行き標野(しめの)行き、野守(のもり)は見ずや、君が袖振る
            </yomi>
            <image>image/m0020.jpg</image>
            <mean>（茜色の光に満ちている）紫野、天智天皇御領地の野で、あぁ、あなたはそんなに袖を振ってらして、野守が見るかもしれませんよ。
            </mean>
    </poem>
    <poem>
            <pno>23</pno>
            <mkana>打麻乎 麻續王 白水郎有哉 射等篭荷四間乃 珠藻苅麻須</mkana>
            <poet>作者不明</poet>
            <yomi>
                    打ち麻(そ)を、麻続(をみの)の王(おほきみ)、海人(あま)なれや、伊良虞(いらご)の島の、玉藻(たまも)刈ります
            </yomi>
            <image>image/m0023.jpg</image>
            <mean>麻続(をみの)の王(おほきみ)さまは海人(あま)なのでしょうか、(いいえ、そうではいらっしゃらないのに、)伊良虞の島の藻をとっていらっしゃる・・・・ </mean>
    </poem>
    <poem>
            <pno>24</pno>
            <mkana>空蝉之 命乎惜美 浪尓所濕 伊良虞能嶋之 玉藻苅食</mkana>
            <poet>作者不明</poet>
            <yomi>
                    うつせみの、命を惜しみ、波に濡れ、伊良虞(いらご)の島の、玉藻(たまも)刈(か)り食(は)む
            </yomi>
            <image>image/m0024.jpg</image>
            <mean>命惜しさに、波に濡れながら、伊良虞(いらご)の島の藻をとって食べるのです・・・ <br />麻続(をみの)の王(おほきみ)が伊良虞の島に流された時、島の人がこれを哀しんで詠んだ歌を聞いて詠んだ歌ということです。 </mean>
    </poem>
    <poem>
            <pno>28</pno>
            <mkana>春過而 夏来良之 白妙能 衣乾有 天之香来山</mkana>
            <poet>持統天皇(じとうてんのう)</poet>
            <yomi>
                    春過ぎて 夏来たるらし 白妙(しろたえ)の 衣干したり 天(あめ)の香具山(かぐやま)
            </yomi>
```

```
            <image>image/m0028.jpg</image>
            <mean>春が過ぎて、夏が来たらしい。白妙（しろたえ）の衣が香久山（かぐやま）の方に見える。</mean>
        </poem>
        <poem>
            <pno>37</pno>
            <mkana>雖見飽奴 吉野乃河之 常滑乃 絶事無久 復還見牟</mkana>
            <poet>柿本人麻呂（かきのもとのひとまろ）</poet>
            <yomi>
                見れど飽かぬ、吉野の川の、常滑（とこなめ）の、絶ゆることなく、またかへり見む
            </yomi>
            <image>image/m0037.jpg</image>
            <mean>何度見ても飽きることの無い吉野の川の常滑（とこなめ）のように、絶えること無く何度も何度も見にきましょう。</mean>
        </poem>
    </volume>
</manyosyu>
```

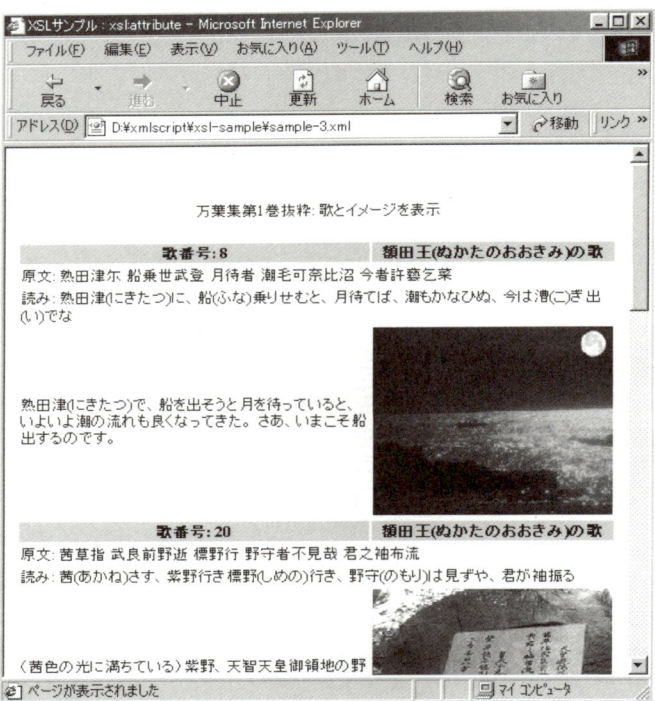

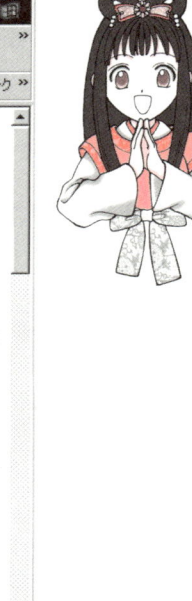

図7-6　sample-3.xmlの表示結果

7.2 歌とイメージを表示（xsl:attribute）

わぁ〜、すごい、すごい!! これでずいぶんそれらしくなったわね。元のXMLテキストからは、とても想像がつかないわね。でも、うれしいわぁ。

やっとここまで来たって感じだね。でも、まだ基本中の基本ってとこなんだけどね。次は、内容に応じて表示を変える方法について考えてみようね。

えぇ、よろしくね。

7 XSLサンプル

Chapter7.3 テキストの内容で表示を変える-1 (xsl:choose)

XMLテキストの指定したタグの内容を判断して表示結果を変えることができるのよ。ここでは、xsl:chooseを使います。

内容を表示に反映させる

これまでは、タグを判断して表示をどうするか決めていたね。今回は、タグで囲まれたテキストの内容によって表示を変えてみようね。

えっ、そんなことできるの!?　へぇ〜…。

うん。今回は、xsl:choose, xsl:when, xsl:otherwise っていうのを使いま〜す。

なっ、なんだか難しそうね。大丈夫かしら…。

そうだね。まず、何をするのかを決めようね。う〜ん…そうだ！　今回は、前回の歌の表示の内、「作者不明」のものを除いて表示しよう。つまり、<作者>タグと</作者>タグで囲まれたテキスト（内容）が'作者不明'というのは表示しないようにしよう。わかるよね。

えっと…。つまり、「額田王」「持統天皇」「柿本人麻呂」の歌だけが表示されるのね、そうでしょ。

7.3 テキストの内容で表示を変える－1（xsl:choose）

そうそう。確認のために説明図を載せておくね。

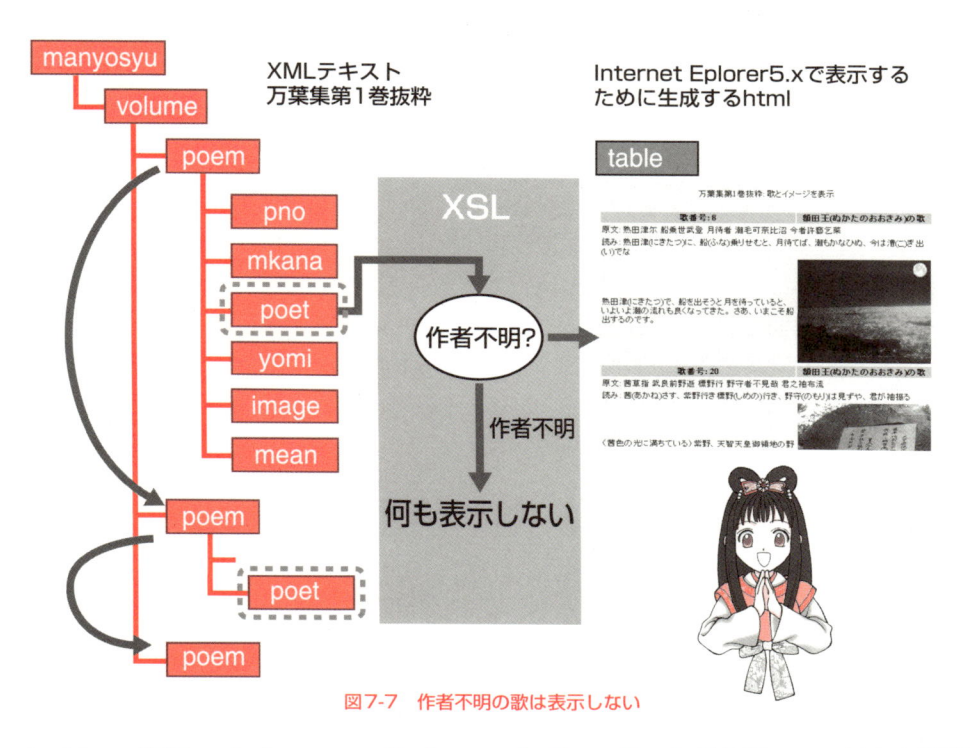

図7-7 作者不明の歌は表示しない

じゃぁ次に、xsl:choose, xsl:when, xsl:otherwiseをどう使っているかを説明するね。まずは基本的なパターンを図で説明するね。

```
<xsl:choose>
    <xsl:when test="タグ名[.= 'aaaa']">
        タグで囲まれたテキストの内容が
        'aaaa'の時に作成するhtmlを書く
    </xsl:when>
    <xsl:when test="タグ名[.='bbbb']">
        タグで囲まれたテキストの内容が
        'bbbb'の時に作成するhtmlを書く
    </xsl:when>
    <xsl:otherwise>
        その他の場合に作成するhtmlを書く
    </xsl:otherwise>
</xsl:choose>
```

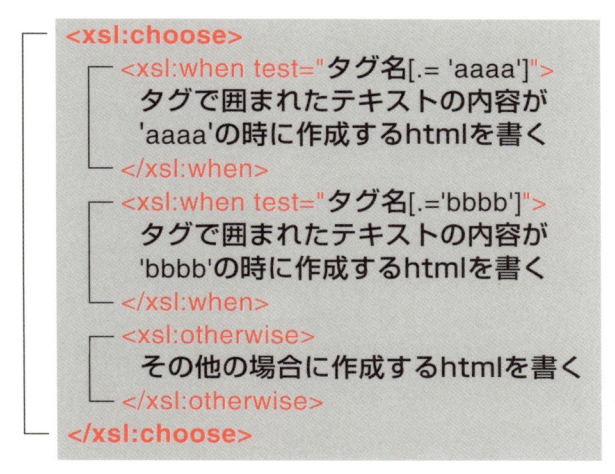

図7-8 <xsl:choose>の使い方（タグで囲まれたテキストの内容を判断する場合）

7 XSLサンプル

xsl:whenは二つだけなの？

あっ、たまたま二つ書いただけなんだ。xsl:whenは二つだけってことないよね。ひとつだけ書いてもいいし、たくさん書いてもいいんだ。xsl:otherwiseは、「その他の場合、全部」って意味だから、一つだけ書くんだよ。

うん、わかったわ。

じゃあ、最初に説明したように、「作者不明」の歌を表示しないXSLのxsl:chooseの個所を図で説明するね。だいたい、雰囲気はわかるよね。

xsl

```
<xsl:choose>
    <xsl:when test="poet[.= '作者不明']">
        poet(作者)が'作者不明'のときは何もしない
    </xsl:when>

    <xsl:otherwise>
        ここに、テーブルを作るhtmlを書く
    </xsl:otherwise>
</xsl:choose>
```

持統天皇のときは、こっち！！

xml

```
<歌>
    <歌番号>0028</歌番号>
    <原文>春過而 夏来良之 白妙能 衣乾有 天之香来山<原文>
    <作者>持統天皇(じとうてんのう)</作者>
    <読み>春過ぎて 夏来たるらし 白妙(しろたえ)の……</読み>
    <イメージ>image/m0028.jpg</イメージ>
    <意味>春が過ぎて、夏が来たらしい。……</意味>
</歌>
```

図7-9　作者不明の歌は表示しないXSL指定

7.3 テキストの内容で表示を変える－1（xsl:choose）

うん。わかるわ。で、これを使ったXSLの全部のリストを見てみたいわ。じつは、前回のXSLがどうだったか、あんまり覚えてないの…。

そうだね。じゃあ、いつものようにリストを載せるね。テーブルを作るのが狙いだったね。前回と違うところを xsl:choose, xsl:when, xsl:otherwise というように、色付きの文字で載せておいたからわかるだろ!?

```
<?xml version="1.0" encoding="Shift_JIS"?>
<xsl:stylesheet version="1.0"
xmlns:xsl="http://www.w3.org/1999/XSL/Transform">

<xsl:template match="/">
<html>
<head> <title>XSLサンプル : xsl:choose</title>
<link rel="stylesheet" type="text/css" href="manyo.css" />
</head>
<body>
<p align="center">万葉集第1巻抜粋：作者がわかっている歌を表示</p>
<xsl:apply-templates select="manyosyu/volume" />
</body>
</html>
</xsl:template>

<xsl:template match="manyosyu/volume/poem">

<table border="0" width="500" align="center">

<xsl:choose>
<xsl:when test="poet[.= '作者不明']">
</xsl:when>

<xsl:otherwise>
  <tr>
  <th>歌番号： <xsl:value-of select="pno" /></th>
  <th><xsl:value-of select="poet" />の歌</th>
  </tr>
  <tr>
```

7 XSLサンプル

```
        <td colspan="2">原文：<xsl:value-of select="mkana" /></td>
        </tr>
        <tr>
        <td colspan="2">読み：<xsl:value-of select="yomi" /></td>
        </tr>
        <tr>
        <td><xsl:value-of select="mean" /></td>
        <td>
        <img>
        <xsl:attribute name="src">
        <xsl:value-of select="image" />
        </xsl:attribute>
        </img>
        </td>
        </tr>
        </xsl:otherwise>
        </xsl:choose>

        </table>

</xsl:template>

</xsl:stylesheet>
```

じゃあ、このXSLテキストを"sample-4.xsl"というファイルにして、実際にどうなるか見てみようね。次のテキストをクリックしてみて。あっ、そうそう。いつもと同じように、2行目は

<?xml-stylesheet type="text/xsl" href="sample-4.xsl"?>

として、"sample-4.xml"というファイルを作成しているからね。

7.3 テキストの内容で表示を変える－1（xsl:choose）

万葉集第1巻抜粋のXMLファイル sample-4.xml（前述で説明したXSLを適用）

```xml
<?xml version="1.0" encoding="Shift_JIS"?>
<?xml-stylesheet type="text/xsl" href="sample-4.xsl"?>
<manyosyu>
 <volume no="1">

   <poem>
       <pno>8</pno>
       <mkana>熟田津尓 船乗世武登 月待者 潮毛可奈比沼 今者許藝乞菜</mkana>
       <poet>額田王（ぬかたのおおきみ）</poet>
       <yomi>
           熟田津(にきたつ)に、船(ふな)乗りせむと、月待てば、潮もかなひぬ、今は漕(こ)ぎ出(い)でな
       </yomi>
       <image>image/m0008.jpg</image>
       <mean>熟田津(にきたつ)で、船を出そうと月を待っていると、いよいよ潮の流れも良くなってきた。さあ、いまこそ船出するのです。
       </mean>
   </poem>
   <poem>
       <pno>20</pno>
       <mkana>茜草指 武良前野逝 標野行 野守者不見哉 君之袖布流</mkana>
       <poet>額田王（ぬかたのおおきみ）</poet>
       <yomi>
           茜(あかね)さす、紫野行き標野(しめの)行き、野守(のもり)は見ずや、君が袖振る
       </yomi>
       <image>image/m0020.jpg</image>
       <mean>（茜色の光に満ちている）紫野、天智天皇御領地の野で、あぁ、あなたはそんなに袖を振ってらして、野守が見るかもしれませんよ。
       </mean>
   </poem>


   <poem>
       <pno>23</pno>
       <mkana>打麻乎 麻續王 白水郎有哉 射等篭荷四間乃 珠藻苅麻須</mkana>
       <poet>作者不明</poet>
       <yomi>
           打ち麻(そ)を、麻続(をみの)の王(おほきみ)、海人(あま)なれや、伊良虞(いらご)の島の、玉藻(たまも)刈ります
       </yomi>
```

7 XSLサンプル

```
            <image>image/m0023.jpg</image>
            <mean>麻続(をみの)の王(おほきみ)さまは海人(あま)なのでしょうか、(いいえ、そうではいらっしゃらないのに、)伊良虞の島の藻をとっていらっしゃる・・・・・</mean>
        </poem>
        <poem>
            <pno>24</pno>
            <mkana>空蝉之 命乎惜美 浪尓所濕 伊良虞能嶋之 玉藻苅食</mkana>
            <poet>作者不明</poet>
            <yomi>
                うつせみの、命を惜しみ、波に濡れ、伊良虞(いらご)の島の、玉藻(たまも)刈(か)り食(は)む
            </yomi>
            <image>image/m0024.jpg</image>
            <mean>命惜しさに、波に濡れながら、伊良虞(いらご)の島の藻をとって食べるのです・・・ <br />麻続(をみの)の王(おほきみ)が伊良虞の島に流された時、島の人がこれを哀しんで詠んだ歌を聞いて詠んだ歌ということです。 </mean>
        </poem>

        <poem>
            <pno>28</pno>
            <mkana>春過而 夏来良之 白妙能 衣乾有 天之香来山</mkana>
            <poet>持統天皇(じとうてんのう)</poet>
            <yomi>
                春過ぎて 夏来たるらし 白妙(しろたえ)の 衣干したり 天(あめ)の香具山(かぐやま)
            </yomi>
            <image>image/m0028.jpg</image>
            <mean>春が過ぎて、夏が来たらしい。白妙(しろたえ)の衣が香久山(かぐやま)の方に見える。 </mean>
        </poem>
        <poem>
            <pno>37</pno>
            <mkana>雖見飽奴 吉野乃河之 常滑乃 絶事無久 復還見牟</mkana>
            <poet>柿本人麻呂(かきのもとのひとまろ)</poet>
            <yomi>
                見れど飽かぬ、吉野の川の、常滑(とこなめ)の、絶ゆることなく、またかへり見む
            </yomi>
            <image>image/m0037.jpg</image>
            <mean>何度見ても飽きることの無い吉野の川の常滑(とこなめ)のように、絶えること無く何度も何度も見にきましょう。</mean>
        </poem>
    </volume>
</manyosyu>
```

7.3 テキストの内容で表示を変える－1（xsl:choose）

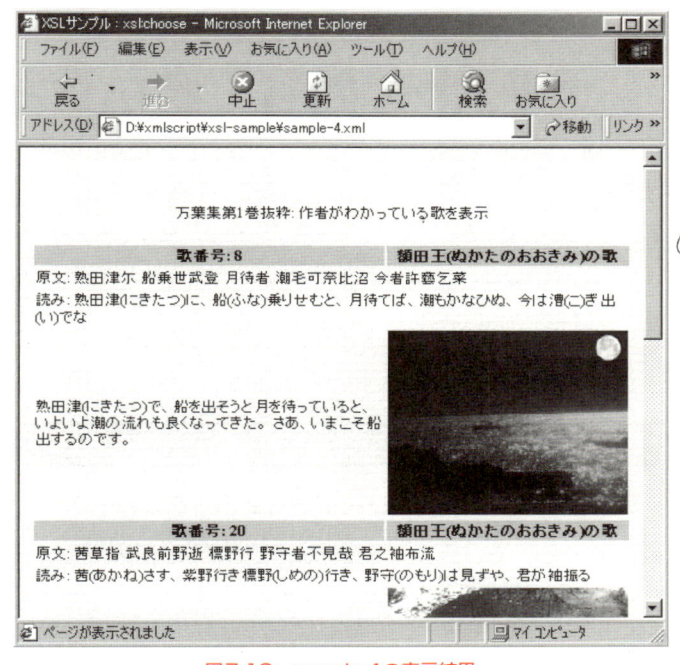

図7-10 sample-4の表示結果

へぇ～、おもしろいわねぇ。確かに、前回のサンプルでは表示されていた「作者不明」の歌、二つが表示されなくなっているわ…。なんだか、XMLとXSLを使ってもっといろいろなことができそうな気がするわ。

そうなんだよ。でも、それなりに難しくなるけどね。

それでもいいわ。完全にはわからなくても、見ているだけでたのしいもの。

そうかぁ。じゃあ、僕ももうすこし気楽にいろいろなことをお話してみるね。もう少しサンプルを紹介するのでよろしくね。

えぇ、よろしくね。

7 XSLサンプル

Chapter7.4 テキストの内容で表示を変える—2（xsl:if）

xsl:chooseの代わりに、ここではxsl:ifを使ってXMLテキストの内容を判断して表示を変えます。

指定した読み手の歌だけを表示する

xsl:choose、xsl:when、xsl:otherwiseっていうのを使って、XMLテキストの内容を判断して、表示するしないを指定するサンプルを作ったよね。

うん。「作者不明」の歌を表示しないようにしたわよね。

xsl:ifっていうのを使って、同じようなことができるんだ。それを使って、今回は万葉集XMLテキストのなかから、さらら（持統天皇）の歌だけを表示してみよう。

あら、たけちったら気を使ってくれてるのね。

まぁね。さららの歌だけを判断するのは、<poet>タグと</poet>タグで囲まれたテキスト（内容）が持統天皇（じとうてんのう）かどうかを調べればいいんだ。そのときだけ歌の内容を表示するようにすればいいよね。

うんうん。

確認のために次に説明図を載せておくね。

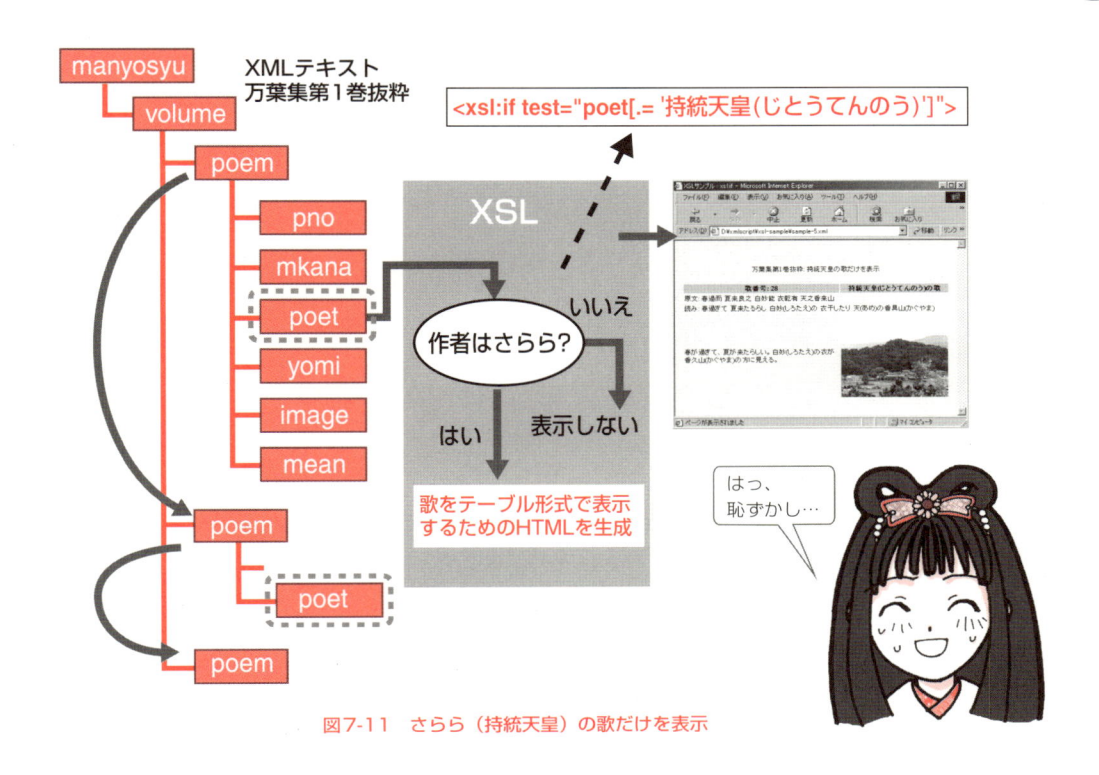

7.4 テキストの内容で表示を変える−2（xsl:if）

`<xsl:if test="poet[.= '持統天皇（じとうてんのう）']">`

図7-11 さらら（持統天皇）の歌だけを表示

だいたい、雰囲気はわかるよね。

うん。わかるわ。雰囲気は、xsl:chooseと同じだもの。早くXSLのリストを見てみたいわ…。

そうだね。じゃあ、いつものようにリストを載せるね。

7 XSLサンプル

```xml
<?xml version="1.0" encoding="Shift_JIS"?>
<xsl:stylesheet version="1.0"
xmlns:xsl="http://www.w3.org/1999/XSL/Transform">

<xsl:template match="/">
<html>
<head>
<title>XSLサンプル : xsl:if</title>
<link rel="stylesheet" type="text/css" href="manyo.css" />
</head>

<body>
<p align="center">万葉集第1巻抜粋:持統天皇の歌だけを表示</p>

<xsl:apply-templates select="manyosyu/volume" />

</body>
</html>
</xsl:template>
<xsl:template match="manyosyu/volume/poem">

<xsl:if test="poet[.= '持統天皇(じとうてんのう)']">

 <table border="0" width="500" align="center">
 <tr>
 <th>歌番号：<xsl:value-of select="pno" /></th>
 <th><xsl:value-of select="poet" />の歌</th>
 </tr>
 <tr>
 <td colspan="2">原文：<xsl:value-of select="mkana" /></td>
 </tr>
 <tr>
 <td colspan="2">読み：<xsl:value-of select="yomi" /></td>
 </tr>
 <tr>
 <td><xsl:value-of select="mean" /></td>
 <td>
 <img>
```

7.4 テキストの内容で表示を変える－2（xsl:if）

```
        <xsl:attribute name="src">
        <xsl:value-of select="image" />
        </xsl:attribute>
        </img>
        </td>
        </tr>
        </table>

</xsl:if>

</xsl:template>

</xsl:stylesheet>
```

なるほどねぇ…。ところで、XSLの指定がxsl:choose, xsl:when, xsl:otherwiseっていうのより、なんだかすっきりしているように見えるわ。使い方はどう違うのかしら。

うん。どっちでもおんなじことができるんだけど、たとえば今回の場合で言うと、額田の歌・さららの歌・人麻呂の歌でそれぞれ表示の方法を変えたいようなときは、xsl:chooseを使うとすっきり見えるかもね。

ふう〜ん。そうなんだぁ。

じゃあ、このXSLテキストを"sample-5.xsl"というファイルにして、実際にどうなるか見てみようね。いつもと同じように、2行目は

<?xml-stylesheet type="text/xsl" href="sample-5.xsl"?>

として、"sample-5.xml"というファイルを作成しているからね。

7 XSLサンプル

万葉集第1巻抜粋のXMLファイル　sample-5.xml（前述で説明したXSLを適用）

```xml
<?xml version="1.0" encoding="Shift_JIS"?>
<?xml-stylesheet type="text/xsl" href="sample-5.xsl"?>
<manyosyu>
 <volume no="1">

    <poem>
        <pno>8</pno>
        <mkana>熟田津尓 船乗世武登 月待者 潮毛可奈比沼 今者許藝乞菜</mkana>
        <poet>額田王(ぬかたのおおきみ)</poet>
        <yomi>
            熟田津(にきたつ)に、船(ふな)乗りせむと、月待てば、潮もかなひぬ、今は漕(こ)ぎ出(い)でな
        </yomi>
        <image>image/m0008.jpg</image>
        <mean>熟田津(にきたつ)で、船を出そうと月を待っていると、いよいよ潮の流れも良くなってきた。さあ、いまこそ船出するのです。
        </mean>
    </poem>
    <poem>
        <pno>20</pno>
        <mkana>茜草指 武良前野逝 標野行 野守者不見哉 君之袖布流</mkana>
        <poet>額田王(ぬかたのおおきみ)</poet>
        <yomi>
            茜(あかね)さす、紫野行き標野(しめの)行き、野守(のもり)は見ずや、君が袖振る
        </yomi>
        <image>image/m0020.jpg</image>
        <mean>（茜色の光に満ちている）紫野、天智天皇御領地の野で、あぁ、あなたはそんなに袖を振ってらして、野守が見るかもしれませんよ。
        </mean>
    </poem>
    <poem>
        <pno>23</pno>
        <mkana>打麻乎 麻續王 白水郎有哉 射等篭荷四間乃 珠藻苅麻須</mkana>
        <poet>作者不明</poet>
        <yomi>
            打ち麻(そ)を、麻続(をみの)の王(おほきみ)、海人(あま)なれや、伊良虞(いらご)の島の、玉藻(たまも)刈ります
        </yomi>
        <image>image/m0023.jpg</image>
```

7.4 テキストの内容で表示を変える－２ (xsl:if)

```
            <mean>麻続(をみの)の王(おほきみ)さまは海人(あま)なのでしょうか、(いいえ、そうではいらっしゃらないのに、)伊良虞の島の藻をとっていらっしゃる・・・・</mean>
        </poem>
        <poem>
            <pno>24</pno>
            <mkana>空蝉之 命乎惜美 浪尓所濕 伊良虞能嶋之 玉藻苅食</mkana>
            <poet>作者不明</poet>
            <yomi>
                    うつせみの、命を惜しみ、波に濡れ、伊良虞(いらご)の島の、玉藻(たまも)刈(か)り食(は)む
            </yomi>
            <image>image/m0024.jpg</image>
            <mean>命惜しさに、波に濡れながら、伊良虞(いらご)の島の藻をとって食べるのです・・・ <br />麻続(をみの)の王(おほきみ)が伊良虞の島に流された時、島の人がこれを哀しんで詠んだ歌を聞いて詠んだ歌ということです。 </mean>
        </poem>
        <poem>
            <pno>28</pno>
            <mkana>春過而 夏来良之 白妙能 衣乾有 天之香来山</mkana>
            <poet>持統天皇(じとうてんのう)</poet>
            <yomi>
                    春過ぎて 夏来たるらし 白妙(しろたえ)の 衣干したり 天(あめ)の香具山(かぐやま)
            </yomi>
            <image>image/m0028.jpg</image>
            <mean>春が過ぎて、夏が来たらしい。白妙(しろたえ)の衣が香久山(かぐやま)の方に見える。 </mean>
        </poem>
        <poem>
            <pno>37</pno>
            <mkana>雖見飽奴 吉野乃河之 常滑乃 絶事無久 復還見牟</mkana>
            <poet>柿本人麻呂(かきのもとのひとまろ)</poet>
            <yomi>
                    見れど飽かぬ、吉野の川の、常滑(とこなめ)の、絶ゆることなく、またかへり見む
            </yomi>
            <image>image/m0037.jpg</image>
            <mean>何度見ても飽きることの無い吉野の川の常滑(とこなめ)のように、絶えること無く何度も何度も見にきましょう。</mean>
        </poem>
    </volume>
</manyosyu>
```

7 XSLサンプル

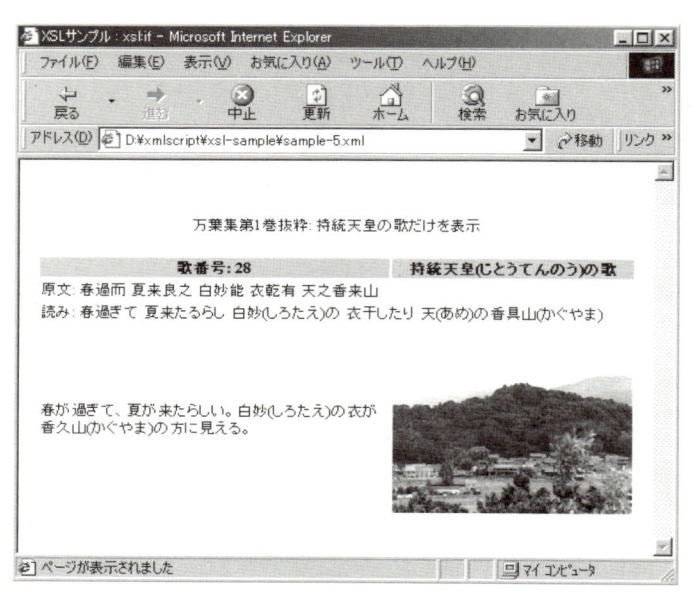

図7-12　sample-5の表示結果

へぇ〜、おもしろいわねぇ。確かに、私の歌だけ表示されているわ…。ひとつだけだから、ちょっと寂しいけど。

巻2の歌もいれればよかったかな!?

あっ、いいのよ。ありがと。

じゃあ、今回はここまで。

はぁい。

Chapter 7.5 作者名順に表示する
(xsl:for-each, xsl:sort)

ここでは、元のテキストの順序とは異なる順序で表示してみましょう。

歌を作者名の順に並べる

今回は、XMLテキストの表示順序の指定を勉強しよう。

あら、そんなこともできるの!?

うん。でも、XSLでの指定だからそんなにたいしたことはできないけどね。
「歌を作者名の順に並べる」程度のことはできるんだ。

へえ〜。

「並べ替え」の指定は xsl:for-each と xsl:sort っていうのを使うんだ。

xsl:for-eachって？

xsl:for-eachは、変換結果がなんらかの繰り返しだと分かっているようなときに使うんだよ。それと、xsl:sortで順序を変更したりするようなときには、xsl:for-eachが必要なんだよ。

7 XSLサンプル

へぇ～、そうなんだ。

うん。次にxsl:sortの書き方を載せておくね。

```
                      "poem"のつど、つぎ         ソートするための    昇順にソート      降順にソート
                      の変換処理をします          タグ名や属性名      したいとき       したいとき

<xsl:for-each select="poem">

   <xsl:sort select="ソートキー" order="ascending | descending"/>

   <table border="0" width="500" align"center">
     <tr>
        <th>歌番号:<xsl:value-of select="pno"/></th>
        <th><xsl:value-of select="poet"/>の歌</th>
        ………（省略）
     </tr>
   </table>

</xsl:for-each>
```

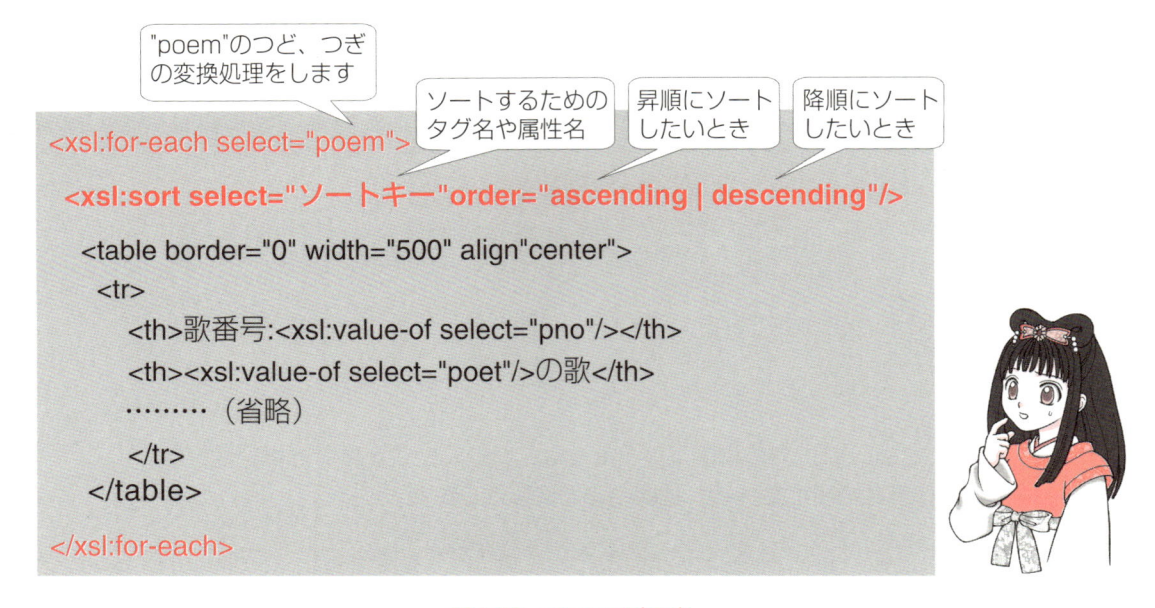

図7-13　xsl:sortの書き方

単独（←空要素のことを言ってます）に書くのね。ところで、「ascending」とか「descending」ってなあに？

「ascending」は「昇順」っていって「小さいほうから大きいほうへ並べる」ってこと。その逆で「descending」は「降順」っていって「大きいほうから小さいほうへ並べる」ってこと。

7.5 作者名順に表示する（xsl:for-each, xsl:sort）

ふぅ～ん…。でも、「作者名」の小さい順とか大きい順ってどういうことなの？ まさか、優れた歌人の順とかってことないよね？

あっ、う～ん…。これは、文字コード順ってこと。今回の場合は、"Shift-JIS"を使っているからその文字コード順になるんだよ。それでも、同じ作者名のものはまとまって見ることができるからそれなりにメリットはあるんだよ。

あっ、そうね。「年代順」なんかだとおもしろいわね。

そうだね。（XMLテキストの）歌ごとに年号が入っているとそういうこともできるね。じゃあ、いつものようにどんな風にするのかを図に載せておくね。

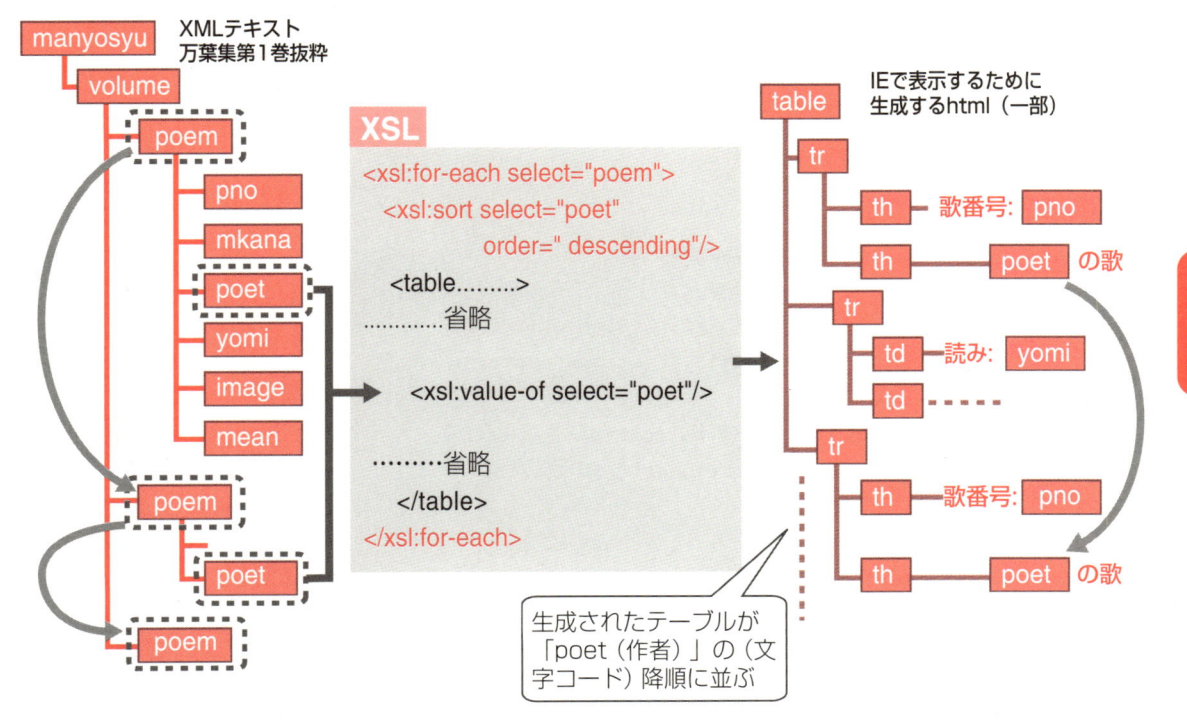

XMLテキスト 万葉集第1巻抜粋

manyosyu
- volume
  - poem
    - pno
    - mkana
    - poet
    - yomi
    - image
    - mean
  - poem
    - poet
  - poem

XSL

```
<xsl:for-each select="poem">
  <xsl:sort select="poet"
            order=" descending"/>
  <table.........>
  ............省略

  <xsl:value-of select="poet"/>

  ………省略
  </table>
</xsl:for-each>
```

IEで表示するために生成するhtml（一部）

table
- tr
  - th — 歌番号： pno
  - th — poet の歌
- tr
  - td — 読み： yomi
  - td — ‐‐‐‐‐
- tr
  - th — 歌番号： pno
  - th — poet の歌

生成されたテーブルが「poet（作者）」の（文字コード）降順に並ぶ

図7-14　作者名に並べ替えて表示する

7 XSLサンプル

図でみると面倒そうだけど、XSLではどこにどう書けばいいのかしら。

いままでのXSLサンプルのxsl:templateのすぐ後にxsl:for-each select="poem"を書いて、その内側にxsl:sortを書くだけでいいんだよ。じゃぁ、今回は、そこのところだけのソースを目立つように下に書いておくね。作者（の文字コード）の降順に表示しようと思うので、order="descending"にしておくね。

```xml
<?xml version="1.0" encoding="Shift_JIS"?>
<xsl:stylesheet version="1.0" xmlns:xsl="http://www.w3.org/1999/XSL/Transform">
<xsl:template match="/">
<html>
<head>
<title>たのしいXML：XSL基本サンプル(msxml3.0) xsl:for-each and xsl:xort</title>
<link rel="stylesheet" type="text/css" href="manyo.css" />
</head>
<body>
<p align="center">万葉集第1巻抜粋 : poet(作者)の降順にsortします</p>
<xsl:apply-templates select="manyosyu/volume" />
</body>
</html>
</xsl:template>
<xsl:template match="manyosyu/volume">
<xsl:for-each select="poem">
   <xsl:sort select="poet" order="descending"/>
   <table border="0" width="500" align="center">
   <tr>
   <th>歌番号：<xsl:value-of select="pno" /></th>
   <th><xsl:value-of select="poet" />の歌</th>
   </tr>
   <tr>
   <td colspan="2">原文：<xsl:value-of select="mkana" /></td>
   </tr>
   <tr>
   <td colspan="2">読み：<xsl:value-of select="yomi" /></td>
   </tr>
   <tr>
```

7.5 作者名順に表示する (xsl:for-each, xsl:sort)

```
            <td><xsl:value-of select="mean" /></td>
            <td>
                <img>
                    <xsl:attribute name="src">
                        <xsl:value-of select="image" />
                    </xsl:attribute>
                </img>
            </td>
        </tr>
    </table>
    </xsl:for-each>
</xsl:template>
</xsl:stylesheet>
```

<xsl:for-each>タグの内側に<xsl:sort>を書くのね。

そうなんだね。じゃあ、このXSLテキストを"sample-6.xsl"というファイルにして、実際にどうなるか見てみようね。次のテキストをクリックしてみて。
あっ、そうそう。いつもと同じように、2行目は次のように記述して"sample-6.xsl"というファイルを作成しているからね。また、"image"フォルダを作って、そこに必要なイメージファイルを入れてあるからね。

```
<?xml-stylesheet type="text/xsl" href="sample-6.xsl"?>
```

万葉集第1巻抜粋のXMLファイル sample-6.xsl（前述で説明したXSLを適用）

```
<?xml version="1.0" encoding="Shift_JIS" ?>
<?xml-stylesheet type="text/xsl" href="sample-6.xsl" ?>
<manyosyu>
<volume no="1">
<poem>
    <pno>8</pno>
    <mkana>熟田津尓 船乗世武登 月待者 潮毛可奈比沼 今者許藝乞菜</mkana>
    <poet>額田王（ぬかたのおおきみ）</poet>
    <yomi>熟田津（にきたつ）に、船（ふな）乗りせむと、月待てば、潮もかなひぬ、今は漕（こ）ぎ出（い）でな</yomi>
    <image>image/m0008.jpg</image>
```

7 XSLサンプル

```xml
        <mean>熟田津(にきたつ)で、船を出そうと月を待っていると、いよいよ潮の流れも良くなってきた。さあ、いまこそ船出するのです。</mean>
</poem>
<poem>
        <pno>20</pno>
        <mkana>茜草指 武良前野逝 標野行 野守者不見哉 君之袖布流</mkana>
        <poet>額田王(ぬかたのおおきみ)</poet>
        <yomi>茜(あかね)さす、紫野行き標野(しめの)行き、野守(のもり)は見ずや、君が袖振る</yomi>
        <image>image/m0020.jpg</image>
        <mean>(茜色の光に満ちている)紫野、天智天皇御領地の野で、あぁ、あなたはそんなに袖を振ってらして、野守が見るかもしれませんよ。
        </mean>
</poem>
<poem>
        <pno>23</pno>
        <mkana>打麻乎 麻續王 白水郎有哉 射等篭荷四間乃 珠藻苅麻須</mkana>
        <poet>作者不明</poet>
        <yomi>打ち麻(そ)を、麻続(をみの)の王(おほきみ)、海人(あま)なれや、伊良虞(いらご)の島の、玉藻(たまも)刈ります</yomi>
        <image>image/m0023.jpg</image>
        <mean>麻続(をみの)の王(おほきみ)さまは海人(あま)なのでしょうか、(いいえ、そうではいらっしゃらないのに、)伊良虞の島の藻をとっていらっしゃる・・・・</mean>
</poem>
<poem>
        <pno>24</pno>
        <mkana>空蝉之 命乎惜美 浪尓所濕 伊良虞能嶋之 玉藻苅食</mkana>
        <poet>作者不明</poet>
        <yomi>うつせみの、命を惜しみ、波に濡れ、伊良虞(いらご)の島の、玉藻(たまも)刈(か)り食(は)む</yomi>
        <image>image/m0024.jpg</image>
        <mean>命惜しさに、波に濡れながら、伊良虞(いらご)の島の藻をとって食べるのです・・・<br />麻続(をみの)の王(おほきみ)が伊良虞の島に流された時、島の人がこれを哀しんで詠んだ歌を聞いて詠んだ歌ということです。</mean>
</poem>
<poem>
        <pno>28</pno>
        <mkana>春過而 夏来良之 白妙能 衣乾有 天之香来山</mkana>
        <poet>持統天皇(じとうてんのう)</poet>
        <yomi>春過ぎて 夏来たるらし 白妙(しろたえ)の 衣干したり 天(あめ)の香具山(かぐやま)
```

7.5 作者名順に表示する (xsl:for-each, xsl:sort)

```
        </yomi>
        <image>image/m0028.jpg</image>
        <mean>春が過ぎて、夏が来たらしい。白妙(しろたえ)の衣が香久山(かぐやま)の方に見える。
        </mean>
    </poem>
<poem>
        <pno>37</pno>
        <mkana>雖見飽奴 吉野乃河之 常滑乃 絶事無久 復還見牟</mkana>
        <poet>柿本人麻呂(かきのもとのひとまろ)</poet>
        <yomi>見れど飽かぬ、吉野の川の、常滑(とこなめ)の、絶ゆることなく、またかへり見む
        </yomi>
        <image>image/m0037.jpg</image>
        <mean>何度見ても飽きることの無い吉野の川の常滑(とこなめ)のように、絶えること無く何度
も何度も見にきましょう。</mean>
    </poem>
</volume>
</manyosyu>
```

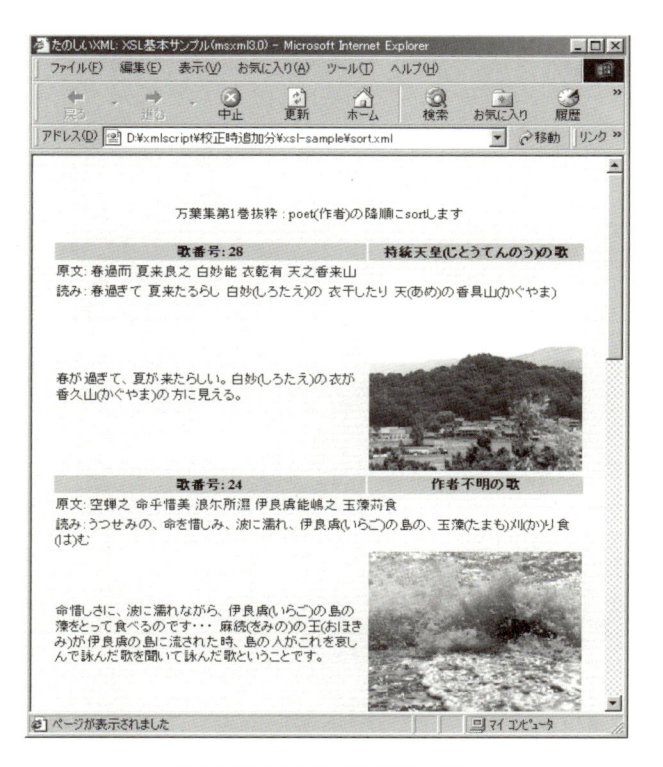

図7-15 上記説明のXSL適用結果

7 XSLサンプル

私の歌が最初にあるわ。なんだかうれしいような恥ずかしいような…。
で、order="ascending"にすると私の歌は最後に表示されるのよね。

そうそう。じゃぁ、今回はここまで。

Chapter 7.6 リンクを設定する

(**xsl:attribute**)

Webページ間のリンクはいつも重要ですね。ここではXMLの属性を利用して<a>タグのhref属性を作ります。

xsl:attribute

こんどは、リンクを設定してみよう。これは、<a href="link-address">を作ればいいね。

うん。「Chapter7.2 歌とイメージを表示」（113ページ参照）と同じようにすればいいんでしょ。あっ、でも、今の「万葉集第1巻抜粋のXMLファイル」には、リンク先のアドレスが入っていなかったような…。

そうそう。だから今回は、もとの「万葉集第1巻抜粋のXMLファイル」にもちょっとだけ手を入れるね。それぞれの「poem（歌）」のタグの属性として、**url属性**を追加して、そこにリンク先のHTMLファイル名を入れておくことにしま〜す。

は〜い。<poem url="http://www…/mxxxx.html">って感じに書けばいいんでしょ!?で、0の指定はどうするの？

じゃあ、いつものようにどんな風にするのかを図に載せておくね。

7 XSLサンプル

html `<a href="http://www6.airnet.ne.jp/manyo/main/one/ m0028.html">`

xsl
```
<a>
    <xsl:attribute name="href">
    http://www6.airnet.ne.jp/manyo/main/one/
        <xsl:value-of select= "@url" />
    </xsl:attribute>
</a>
```

xml
```
<poem url="m0028.html">
  <pno>0028</pno>
  <mkana>春過而 夏来良之 白妙能 衣乾有 天之香来山</mkana>
  <poet>持統天皇(じとうてんのう)</poet>
  <yomi>春過ぎて 夏来たるらし 白妙(しろたえ)の……</yomi>
  <image>image/m0028.jpg</image>
  <mean>春が過ぎて、夏が来たらしい。……</mean>
</poem>
```

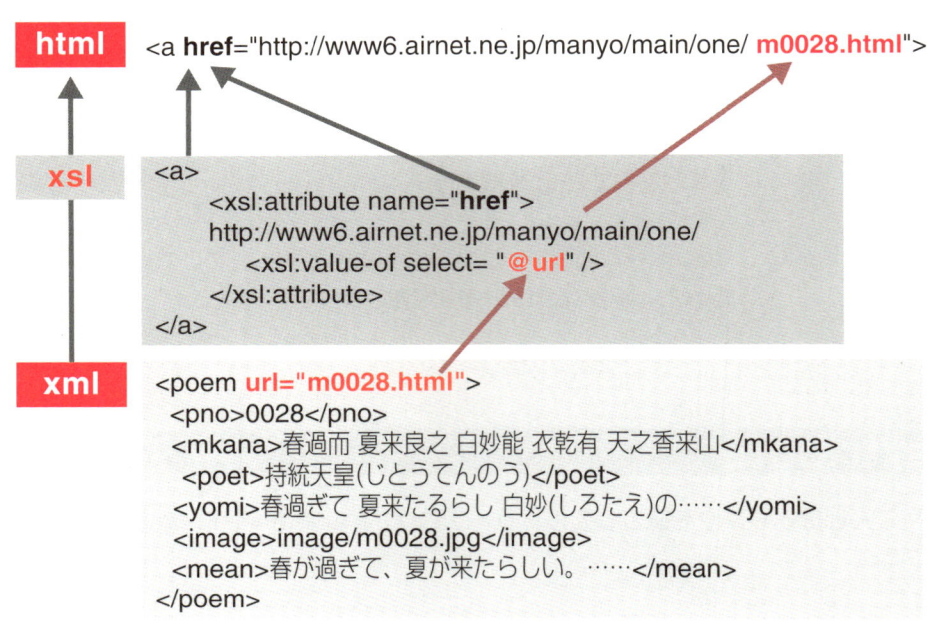

図7-16　<a>タグを生成するXSL指定（リンクの設定）

あらっ。xmlのurl属性には、いちいちurl="http://www…"って書かないで、xslに一回だけ書いとけばいいのね…。ねえねえ、この@urlって、どういうことなの？

あぁ、「属性」の内容をとってくるときに@って使うんだ。だから、@urlの場合は、urlという名前の属性の内容（ここではm0008.htmlなど）がとってこれるんだね。
じゃぁ、今回は、そこのところだけのソースを目立つように次に書いておくね。

```
<?xml version="1.0" encoding="Shift_JIS"?>
<xsl:stylesheet version="1.0"
xmlns:xsl="http://www.w3.org/1999/XSL/Transform">

<xsl:template match="/">
 <html>
  <head>
   <title>たのしいXML：XSL基本サンプル-6</title>
   <link rel="stylesheet" type="text/css" href="manyo.css" />
  </head>
  <body>
   <p align="center">万葉集第1巻抜粋：リンク先の設定</p>
```

```
        <xsl:apply-templates select="manyosyu/volume" />
      </body>
    </html>
</xsl:template>

<xsl:template match="manyosyu/volume/poem">

<table  border="0" width="500" align="center">

    <tr>
    <th>
       <a>
       <xsl:attribute name="href">
       http://www6.airnet.ne.jp/manyo/main/one/
       <xsl:value-of select="@url" />
       </xsl:attribute>
       歌番号: <xsl:value-of select="pno" />
       </a>
    </th>
    <th><xsl:value-of select="poet" />の歌</th>
    </tr>

    <tr>
    <td colspan="2">読み: <xsl:value-of select="yomi" /></td>
    </tr>
    <tr>
    <td><xsl:value-of select="mean" /></td>
    <td>
    <img>
       <xsl:attribute name="src">
       <xsl:value-of select="image" />
       </xsl:attribute>
    </img>
    </td>
    </tr>
</table>

</xsl:template>

</xsl:stylesheet>
```

7 XSLサンプル

じゃあ、このXSLテキストを"sample-7.xsl"というファイルにして、実際にどうなるか見てみようね。次のテキストをクリックしてみて。あっ、そうそう。いつもと同じように、2行目は

`<?xml-stylesheet type="text/xsl" href="sample-7.xsl"?>`

として、"sample-7.xml"というファイルを作成しているからね。また、"image"フォルダを作って、そこに必要なイメージファイルを入れてあるからね。

万葉集第1巻抜粋のXMLファイル　sample-7.xml（前述で説明したXSLを適用）

```
<?xml version="1.0" encoding="Shift_JIS"?>
<?xml-stylesheet type="text/xsl" href="sample-7.xsl"?>

<manyosyu>
  <volume no="1">
    <poem url="m0008.html">
        <pno>8</pno>
        <mkana>熟田津尓 船乗世武登 月待者 潮毛可奈比沼 今者許藝乞菜</mkana>
        <poet>額田王（ぬかたのおおきみ）</poet>
        <yomi>
            熟田津(にきたつ)に、船(ふな)乗りせむと、月待てば、潮もかなひぬ、今は漕(こ)ぎ出(い)でな
        </yomi>
        <image>image/m0008.jpg</image>
        <mean>熟田津(にきたつ)で、船を出そうと月を待っていると、いよいよ潮の流れも良くなってきた。さあ、いまこそ船出するのです。
        </mean>
    </poem>
    <poem url="m0020.html">
        <pno>20</pno>
        <mkana>茜草指 武良前野逝 標野行 野守者不見哉 君之袖布流</mkana>
        <poet>額田王（ぬかたのおおきみ）</poet>
        <yomi>
            茜(あかね)さす、紫野行き標野(しめの)行き、野守(のもり)は見ずや、君が袖振る
        </yomi>
        <image>image/m0020.jpg</image>
        <mean>（茜色の光に満ちている）紫野、天智天皇御領地の野で、あぁ、あなたはそんなに袖を振ってらして、野守が見るかもしれませんよ。
        </mean>
    </poem>
```

```xml
        <poem url="m0023.html">
             <pno>23</pno>
             <mkana>打麻乎 麻續王 白水郎有哉 射等篭荷四間乃 珠藻苅麻須</mkana>
             <poet>作者不明</poet>
             <yomi>
                    打ち麻(そ)を、麻続(をみの)の王(おほきみ)、海人(あま)なれや、伊良虞(いらご)の島の、玉藻(たまも)刈ります
             </yomi>
             <image>image/m0023.jpg</image>
             <mean>麻続(をみの)の王(おほきみ)さまは海人(あま)なのでしょうか、(いいえ、そうではいらっしゃらないのに、)伊良虞の島の藻をとっていらっしゃる・・・・ </mean>
        </poem>
        <poem url="m0024.html">
             <pno>24</pno>
             <mkana>空蝉之 命乎惜美 浪尓所濕 伊良虞能嶋之 玉藻苅食</mkana>
             <poet>作者不明</poet>
             <yomi>
                     うつせみの、命を惜しみ、波に濡れ、伊良虞(いらご)の島の、玉藻(たまも)刈(か)り食(は)む
             </yomi>
             <image>image/m0024.jpg</image>
             <mean>命惜しさに、波に濡れながら、伊良虞(いらご)の島の藻をとって食べるのです・・・ <br />麻続(をみの)の王(おほきみ)が伊良虞の島に流された時、島の人がこれを哀しんで詠んだ歌を聞いて詠んだ歌ということです。 </mean>
        </poem>
        <poem url="m0028.html">
             <pno>28</pno>
             <mkana>春過而 夏来良之 白妙能 衣乾有 天之香来山</mkana>
             <poet>持統天皇(じとうてんのう)</poet>
             <yomi>
                    春過ぎて 夏来たるらし 白妙(しろたえ)の 衣干したり 天(あめ)の香具山(かぐやま)
             </yomi>
             <image>image/m0028.jpg</image>
             <mean>春が過ぎて、夏が来たらしい。白妙(しろたえ)の衣が香久山(かぐやま)の方に見える。 </mean>
        </poem>
        <poem url="m0037.html">
             <pno>37</pno>
             <mkana>雖見飽奴 吉野乃河之 常滑乃 絶事無久 復還見牟</mkana>
             <poet>柿本人麻呂(かきのもとのひとまろ)</poet>
```

7 XSLサンプル

```
        <yomi>
            見れど飽かぬ、吉野の川の、常滑(とこなめ)の、絶ゆることなく、またかへり見む
        </yomi>
        <image>image/m0037.jpg</image>
        <mean>何度見ても飽きることの無い吉野の川の常滑(とこなめ)のように、絶えること無く何度も何度も見に
きましょう。</mean>
      </poem>
    </volume>
</manyosyu>
```

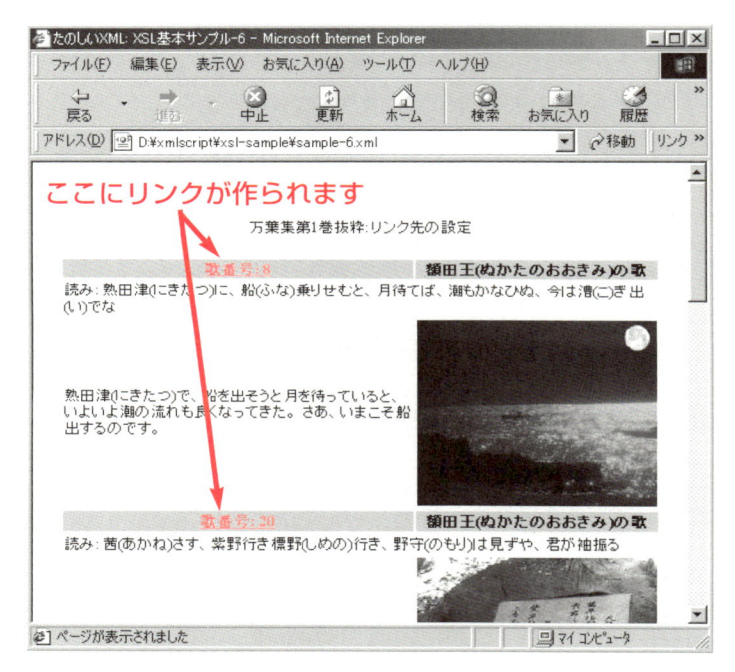

図7-17　sample-7の表示結果

これで、やっとホームページらしくなったわね。

あっ、そういえばそうだね。じゃぁ、今回はこれでおしまい。

うん。ありがと。

番号を付ける（xsl:number） **7.7**

Chapter 7.7
番号を付ける（xsl:number）

XMLタグの個数を数えて、その値を表示することをやってみます。

歌の順番に番号を表示する

こんどは、番号付けをやってみよう。

番号付け？

「万葉集第1巻抜粋のXMLファイル」には、もともとの歌の番号（pno）がついているけど、pnoは飛び飛びになっているよね。で、表示する歌の順に「その1」「その2」のように番号を付けてみようと思うんだ。

あっ、そうするともっと読みやすくなるかもね。

「番号付け」には xsl:number を使うんだよ。じゃあ、いつものようにどんな風にするのかを図に載せておくね。<xsl:template match="manyoshu/volume/poem"> で poem（歌）のテンプレートルールをひとつずつ適用するたびに、<xsl:number> で番号を付けているんだよ。

151

7 XSLサンプル

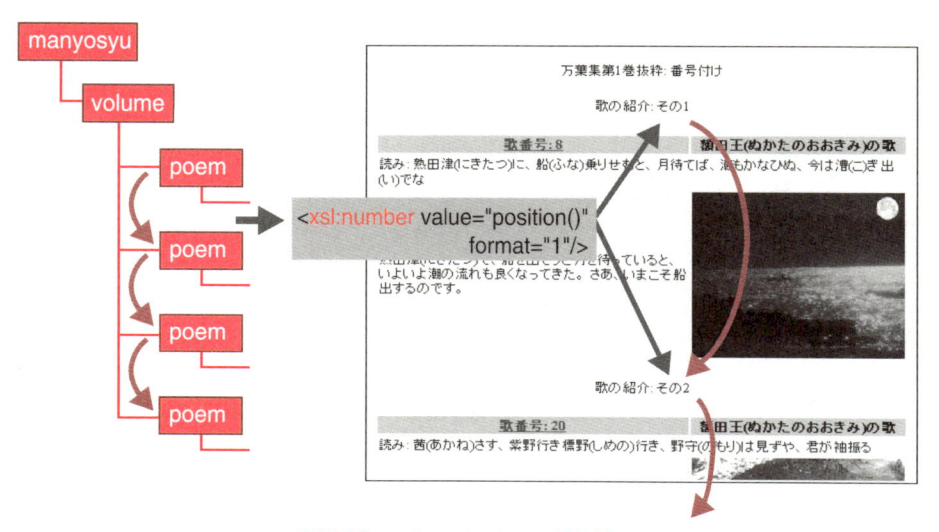

図7-18 xsl:numberによる番号付け

このvalue="position()"ってなんなの？

この場合、value="position()"で、いま見ているpoemが何番目かを数えているんだね。

そうなんだぁ。後ろにある、format="1"って、番号を"1, 2, 3…"って付けるってことなのかしら？

そうそう。その他の指定方法としては、次のようなものがあるんだよ。

- format="A"のとき　　A, B, C, ...
- format="a"のとき　　a, b, c, ...
- format="i"のとき　　i, ii, iii, iv, ...
- format="01"のとき　　01, 02, 03, ...

漢数字はないのね…。

7.7 番号を付ける (xsl:number)

今回は、そこのところだけのソースを目立つように下に書いておくね。

```
<?xml version="1.0" encoding="Shift_JIS"?>
<xsl:stylesheet version="1.0"
xmlns:xsl="http://www.w3.org/1999/XSL/Transform">

<xsl:template match="/">
 <html>
  <head>
   <title>たのしいXML:XSL基本サンプル-7</title>
   <link rel="stylesheet" type="text/css" href="manyo.css" />
  </head>

  <body>
   <p align="center">万葉集第1巻抜粋：万葉集第1巻抜粋：番号付け</p>
   <xsl:apply-templates select="manyosyu/volume" />
  </body>
 </html>
</xsl:template>

<xsl:template match="manyosyu/volume/poem">

<p align="center">
    歌の紹介：その<xsl:number value="position()" format="1"/>
</p>

<table  border="0" width="500" align="center">

  <tr>
  <th>
    <a>
    <xsl:attribute name="href">
        http://www6.airnet.ne.jp/manyo/main/one/
    <xsl:value-of select="@url" />
    </xsl:attribute>
    歌番号：<xsl:value-of select="pno" />
    </a>
```

7 XSLサンプル

```
        </th>
        <th><xsl:value-of select="poet" />の歌</th>
      </tr>

      <tr>
        <td colspan="2">読み：<xsl:value-of select="yomi" /></td>
      </tr>
      <tr>
        <td><xsl:value-of select="mean" /></td>
        <td>
        <img>
          <xsl:attribute name="src">
          <xsl:value-of select="image" />
          </xsl:attribute>
        </img>
        </td>
      </tr>
    </table>

  </xsl:template>

</xsl:stylesheet>
```

じゃあ、このXSLテキストを"sample-8.xsl"というファイルにして、実際にどうなるか見てみようね。次のテキストをクリックしてみて。
ここでも、いつもと同じように2行目は

 <?xml-stylesheet type="text/xsl" href="sample-8.xsl"?>

として、"sample-8.xml"というファイルを作成しているからね。また、"image"フォルダを作って、そこに必要なイメージファイルを入れてあるからね。

7.7 番号を付ける（xsl:number）

万葉集第1巻抜粋のXMLファイル　sample-8.xml（前述で説明したXSLを適用）

```xml
<?xml version="1.0" encoding="Shift_JIS"?>
<?xml-stylesheet type="text/xsl" href="sample-7.xsl"?>

<manyosyu>
 <volume no="1">
    <poem url="m0008.html">
        <pno>8</pno>
        <mkana>熟田津尓 船乗世武登 月待者 潮毛可奈比沼 今者許藝乞菜</mkana>
        <poet>額田王(ぬかたのおおきみ)</poet>
        <yomi>
            熟田津(にきたつ)に、船(ふな)乗りせむと、月待てば、潮もかなひぬ、今は漕(こ)ぎ出(い)でな
        </yomi>
        <image>image/m0008.jpg</image>
        <mean>熟田津(にきたつ)で、船を出そうと月を待っていると、いよいよ潮の流れも良くなってきた。さあ、いまこそ船出するのです。
        </mean>
    </poem>
    <poem url="m0020.html">
        <pno>20</pno>
        <mkana>茜草指 武良前野逝 標野行 野守者不見哉 君之袖布流</mkana>
        <poet>額田王(ぬかたのおおきみ)</poet>
        <yomi>
            茜(あかね)さす、紫野行き標野(しめの)行き、野守(のもり)は見ずや、君が袖振る
        </yomi>
        <image>image/m0020.jpg</image>
        <mean>(茜色の光に満ちている)紫野、天智天皇御領地の野で、あぁ、あなたはそんなに袖を振ってらして、野守が見るかもしれませんよ。
        </mean>
    </poem>
    <poem url="m0023.html">
        <pno>23</pno>
        <mkana>打麻乎 麻續王 白水郎有哉 射等篭荷四間乃 珠藻苅麻須</mkana>
        <poet>作者不明</poet>
        <yomi>
            打ち麻(そ)を、麻続(をみの)の王(おほきみ)、海人(あま)なれや、伊良虞(いらご)の島の、玉藻(たまも)刈ります
        </yomi>
        <image>image/m0023.jpg</image>
```

7 XSLサンプル

```
            <mean>麻続(をみの)の王(おほきみ)さまは海人(あま)なのでしょうか、(いいえ、そうではいらっしゃらないのに、)伊良虞の島の藻をとっていらっしゃる・・・・・</mean>
        </poem>
        <poem url="m0024.html">
            <pno>24</pno>
            <mkana>空蝉之 命乎惜美 浪尓所濕 伊良虞能嶋之 玉藻苅食</mkana>
            <poet>作者不明</poet>
            <yomi>
                    うつせみの、命を惜しみ、波に濡れ、伊良虞(いらご)の島の、玉藻(たまも)刈(か)り食(は)む
            </yomi>
            <image>image/m0024.jpg</image>
            <mean>命惜しさに、波に濡れながら、伊良虞(いらご)の島の藻をとって食べるのです・・・ <br />麻続(をみの)の王(おほきみ)が伊良虞の島に流された時、島の人がこれを哀しんで詠んだ歌を聞いて詠んだ歌ということです。</mean>
        </poem>
        <poem url="m0028.html">
            <pno>28</pno>
            <mkana>春過而 夏来良之 白妙能 衣乾有 天之香来山</mkana>
            <poet>持統天皇(じとうてんのう)</poet>
            <yomi>
                    春過ぎて 夏来たるらし 白妙(しろたえ)の 衣干したり 天(あめ)の香具山(かぐやま)
            </yomi>
            <image>image/m0028.jpg</image>
            <mean>春が過ぎて、夏が来たらしい。白妙(しろたえ)の衣が香久山(かぐやま)の方に見える。</mean>
        </poem>
        <poem url="m0037.html">
            <pno>37</pno>
            <mkana>雖見飽奴 吉野乃河之 常滑乃 絶事無久 復還見牟</mkana>
            <poet>柿本人麻呂(かきのもとのひとまろ)</poet>
            <yomi>
                    見れど飽かぬ、吉野の川の、常滑(とこなめ)の、絶ゆることなく、またかへり見む
            </yomi>
            <image>image/m0037.jpg</image>
            <mean>何度見ても飽きることの無い吉野の川の常滑(とこなめ)のように、絶えること無く何度も何度も見にきましょう。</mean>
        </poem>
    </volume>
</manyosyu>
```

7.7 番号を付ける（xsl:number）

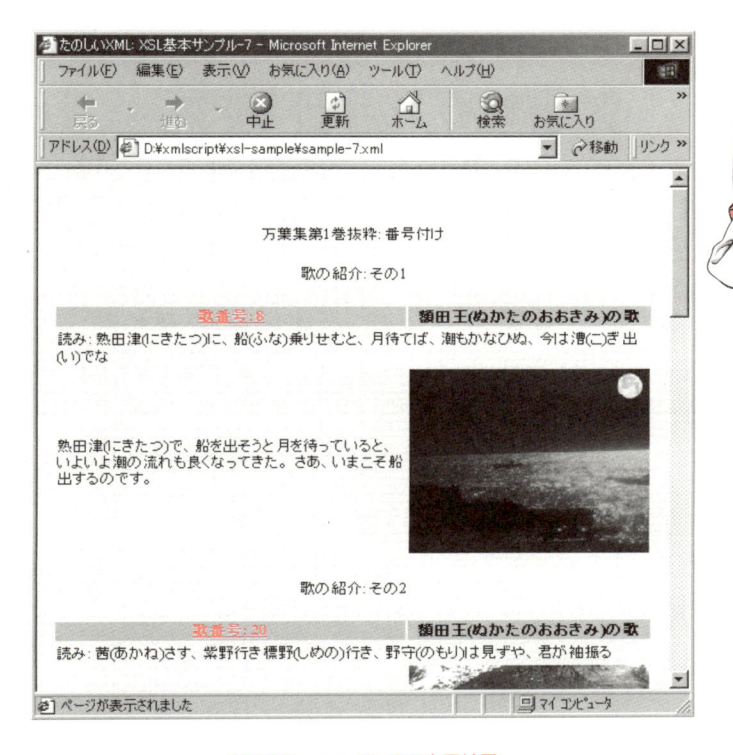

図7-19　sample-8の表示結果

xml:numberを使うと、もとのXMLテキストに番号を付けていなくてもいいから便利だわね。

そうだね。いままでのサンプルでだいたいXSLのことは分かったと思うから、XSLのサンプルはこれでおしまいにするね。

え～っ、おしまいなの!?　つまんないの。

それじゃあ、もうひとつだけサンプルを見てみようか。

Chapter7.8 XSLの切り替え

Internet Explorer 5.xで動作するJavaScriptを利用して、いくつかのXSL指定を切り替えてみましょう。

ちょっとだけJavaScript

これまで、いくつかのサンプルでXSLの使い方を学んできたけど、JavaScriptを使ってクライアントサイドである程度できることに挑戦してみたいと思います。

あらら。私には、もう無理かしら。まぁ、いいわ、いろいろなことを知るだけでもよしとしとこぅ。

う～ん。そうでもないと思うけど。ただ、JavaScriptについての説明する時間も取れないので、解説を省略するのは許してね。

そうねぇ…。ねぇ、今回はどうするの？

今回は、三つのXSLをボタンをクリックすることで切り替えられるようにしてみようと思うんだ。いままでのサンプルだと、XMLテキストファイルとXSLファイルが一対一に対応していたじゃない？　つまり、別の見せ方をしようとすると、XMLファイルも別のものを開くようにしなくてはいけなかったよね。これじゃぁ、あんまり便利とは言えないよね。

へぇ…。それには、JavaScriptってのが必要なの？

XSLの切り替え 7.8

そうだね。今回は、ごく簡単な例としてJavaScriptでXSLを切り替えてみるね。まず、いつものようにどのようにしたいのかを図で説明するね。ボタンをクリックすると、そのボタンに合わせて適用するXSLを変更するような指定をするんだ。そうすると、まったく同じXMLテキストが図のように違って見えるようになるんだよ。

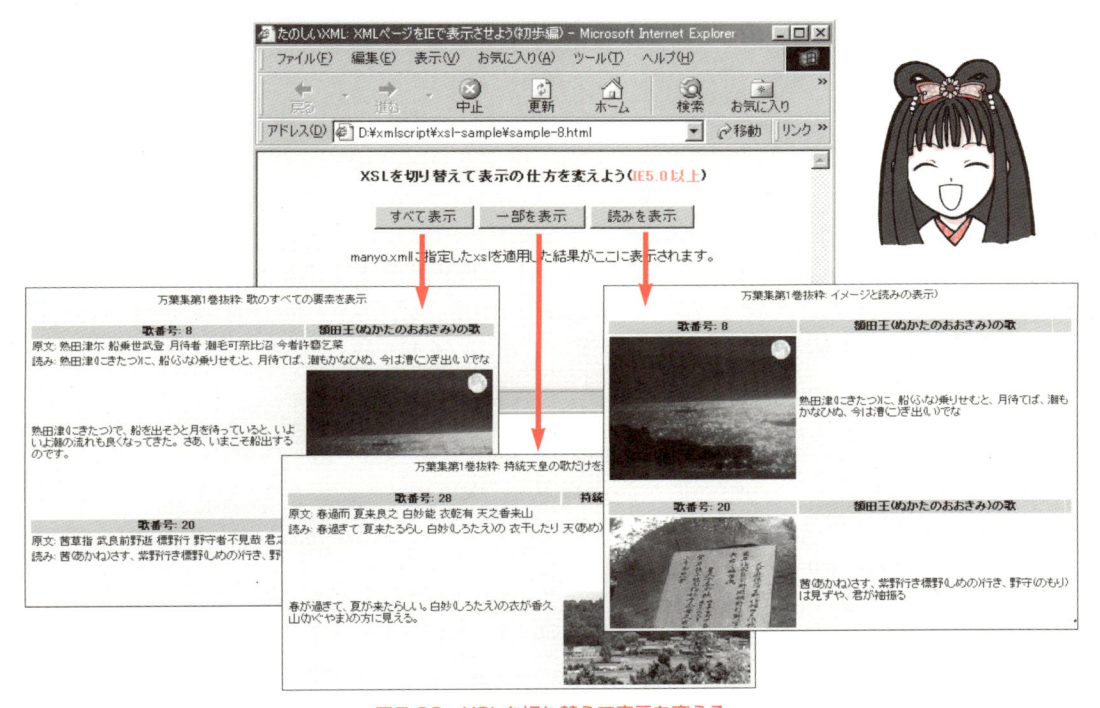

図7-20　XSLを切り替えて表示を変える

へえ～。これって面白そうね。どうやればできるの？

うん。上の図で示したような表示をするためのHTMLテキストを作るんだけど、その中の三つのボタンはHTMLのformを使うんだよ。formの中に三つのbuttonを作るんだ。そうして、それぞれのbuttonの指定に、クリックされたときに、適用するXSLを変更する処理をJavaScriptで書いておくんだよ。

へえ…。私は、JavaScriptって使ったことが無いから、イメージがちょっとわかないわ。

細かいことはわからなくても、だいたいの雰囲気はわかると思うよ。次のページでHTMLテキストの内容について説明するね。

7 XSLサンプル

は～い。

ここの例で使うテキストファイルは、manyo.xmlとそれに適用する三つのXSLテキストファイル（manyo1.xsl, manyo2.xsl, manyo3.xsl）、それにmanyo.cssだよ。

まぁ、ずいぶん必要なのね…。あっ、三つのXSLを切り替えるんだったわね。

それを読み込んでボタンクリックによって切り替える指定をするんだけど、"一部を表示"ボタンをクリックしたときに、manyo2.xslを読み込んだ"manyo2"を"manyo.xml"に適用して、here.innerHTMLに作る流れを図にしておくね。

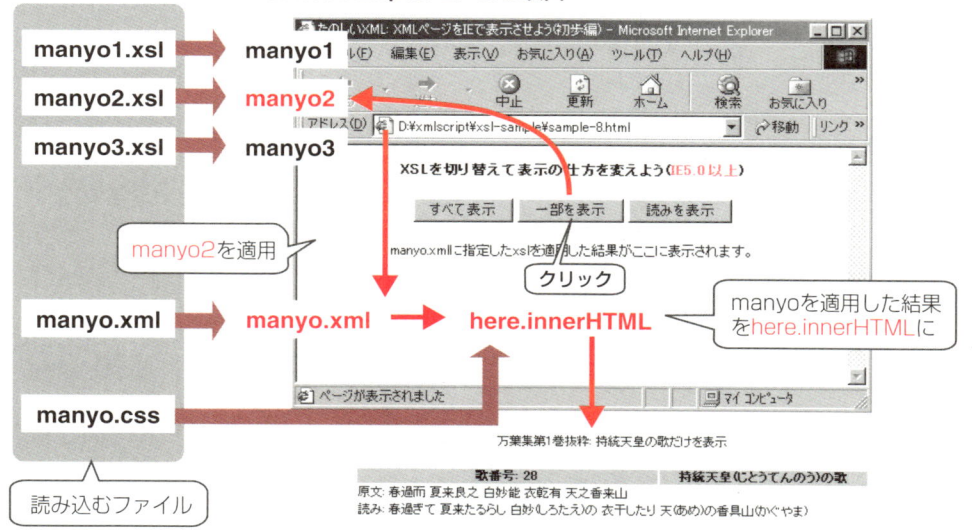

Internet Explorer 5.0以降

- manyo1.xsl → manyo1
- manyo2.xsl → manyo2
- manyo3.xsl → manyo3
- manyo.xml → manyo.xml → here.innerHTML
- manyo.css

（読み込むファイル）

manyo2を適用
クリック
manyoを適用した結果をhere.innerHTMLに

ボタンクリックにより、適応するXSL（manyo1～3のいずれか）を指定して、here.innterHTMLにhtmlを作成して表示

図7-21　3つのXSLを切り替える（sample-9.html）

7.8 XSLの切り替え

> うぅ…。雰囲気はわかるけど、やっぱり複雑…。

> そうだねぇ…しかたないかな。じゃあ、こういう流れを作り出すHTMLテキストを次に載せておくね。図で説明したとおりだから、あんまり説明はしないけど。

```html
<html>
<head>
<meta http-equiv="Content-Script-Type" content="text/javascript">
<link rel="stylesheet" type="text/css" href="manyo.css" />
<title>XSLの切り替え(ちょっとだけJavaScript)</title>

<xml id="manyo_xml" src="manyo.xml"></xml>
<xml id="manyo1" src="manyo1.xsl"></xml>
<xml id="manyo2" src="manyo2.xsl"></xml>
<xml id="manyo3" src="manyo3.xsl"></xml>

<script language="JavaScript">
<!--
    function manyoAll() {
        here.innerHTML = manyo_xml.transformNode(manyo1.documentElement);
    }
    function manyoSub() {
        here.innerHTML = manyo_xml.transformNode(manyo2.documentElement);
    }
    function manyoSummary() {
        here.innerHTML = manyo_xml.transformNode(manyo3.documentElement);
    }
-->
</script>

</head>

<body>
<h3 align="center">XSLを切り替えて表示の仕方を変えよう(IE5.0以上)</h3>
```

7 XSLサンプル

```
<p align="center">
  <form>
  <input type="button" value="すべて表示" onClick="manyoAll()">
  <input type="button" value="一部を表示" onClick="manyoSub()">
  <input type="button" value="読みを表示" onClick="manyoSummary()">
  </form>
</p>

<div id="here" align="center">manyo.xmlに指定したxslを適用した結果がここに表示
されます。</div>

</body>
</html>
```

じゃあ、いつものように実際に見てもらえるようにファイルをつくっておくね。ボタンをクリックして楽しんでみて…。

あっ、おもしろ～い!! ひとつのXMLテキストから、こんな風にいろいろな見せ方ができるのね。

楽しんでもらえて、ぼくもうれしいよ。じゃぁ、これでXSLのサンプルのお勉強は全ておしまいです。

うん。いままでありがとね。

Part8

XPath（基礎編）

8 XPath（基礎編）

Chapter 8.1 XPathってなぁに？

ここでは、XMLテキストの要素や属性・内容を指定するためにXSLで使われているXPathについて学習しましょう。

XPathはXSLで使われている

ねぇ、たけち。いきなりXPathっていわれても困るんだけど…なぁに？ XSLと関係があるの？

さらら、そんなに心配しなくってもいいよ。実は、これまでのサンプルでもうXPathを使ってきているんだよ。

えっ…。そっ、そうなの!?

XPathは、XMLテキストの構造をたどって、要素や属性、文字列なんかを指し示すための言語なんだよ。そうして、そのXPathはXSLで使われているんだよ。

というと…。XSLで要素や属性、文字列なんかを指し示すってことだから…。
えっ〜と。

XSLで次のような文を使ったよね。

```
<xsl:apply-templates select="manyosyu/volume" />
<xsl:template match="manyosyu/volume">
<xsl:value-of select="pno" />
<xsl:value-of select="@url" />
```

8.1 XPathってなぁに？

うん。

それぞれの"manyosyu/volume"や"@url"っていう書き方がXPathというもので決められているんだよ。

あっ、そうなんだ〜。なんとなく分かっているつもりだったけど、改めてそんな風に言われると…。

それは、さららがWindowsなんかのファイルの階層関係を知っているからだと思うよ。それとXPathってなんとなく似た感じだものね。

あっ、そうなの。

8 XPath（基礎編）

Chapter 8.2 XPathのデータモデル

最初にXPathではXMLテキストの構造をどう見ているかを学習しましょう。サンプルはこれまでのものに似ていますよ。

データモデル

じゃぁXPathについて説明していこうね。XPathを学ぶためには、XPathでのXMLデータモデルを知っておかないといけないね。

えっ？ データモデル!? また難しい言葉を使って…もっとやさしく説明してよ!!

う〜ん…。XMLテキストの要素や属性、文字列なんかの内容がどんな風に関係し合って構造を作っているかをイメージするためのもの、っていったらいいかな。

ふ〜ん…。分かったような分かんないような…。

じっ、じゃぁ、XMLテキストのサンプルでXPathのデータモデルを見ていこうね。いままで見てきた「万葉集」のXMLテキストをXPathではどんな風に見るかを説明するね。まずは、次の「万葉集」のXMLテキストをみてみよう。

```
<?xml version="1.0" encoding="Shift_JIS"?>
<?xml-stylesheet type="text/xsl"href="xpathsample.xsl"?>
<manyosyu volumeno="1" >
    <poem pno="8">
        <mkana>熟田津尓 船乗世武登 月待者 潮毛可奈比沼 今者許藝乞菜</mkana>
        <poet>額田王（ぬかたのおおきみ）</poet>
        <yomi>熟田津に、船乗りせむと、月待てば、潮もかなひぬ、今は漕ぎ出でな</yomi>
    </poem>
```

8.2 XPathのデータモデル

```
<poem pno="20">
    <mkana>茜草指 武良前野逝 標野行 野守者不見哉 君之袖布流</mkana>
    <poet>額田王（ぬかたのおおきみ）</poet>
    <yomi>茜さす、紫野行き標野行き、野守は見ずや、君が袖振る</yomi>
</poem>
</manyosyu>
```

XMLテキスト（万葉集）

うん。だいぶ見慣れたからいいわ。
で、XPathのデータモデルってどうなるのかしら…。

あっ、やな言い方…。

ごめんなさい、つい…。

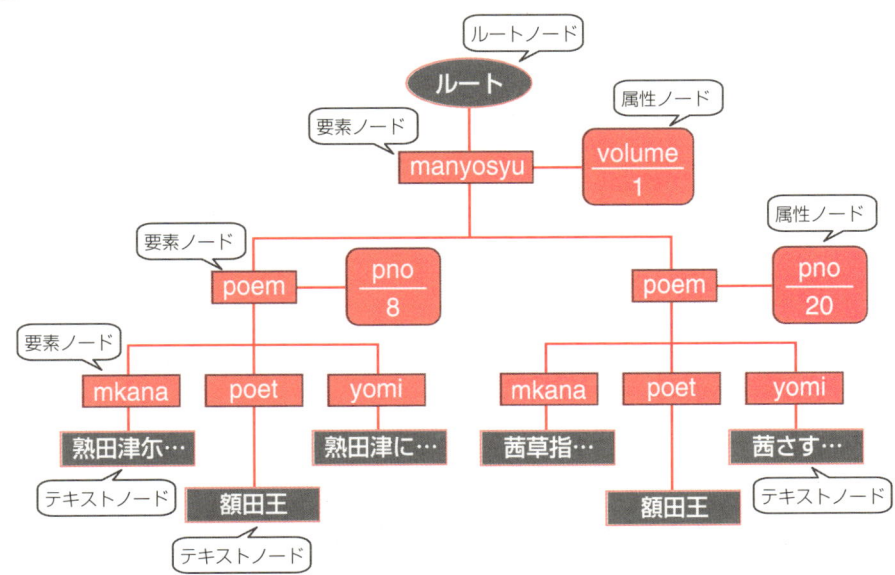

図8-1　XpathにおけるXMLデータモデル（万葉集サンプル）

8 XPath（基礎編）

なぁ〜んだ。これまでの説明に出てきた図とそんなにかわらないじゃない…。でも、よくみるとちょっと違うわね。ルートノードとか要素ノードとか…。

この図のひとつひとつのかたまり、つまりXMLテキストを構成している単位を「ノード」っていうんだ。どんなXMLテキストもひとつの「ルートノード」があるんだよ。あっ、そうそうこの図を「ノードツリー」っていうんだ。

ノードツリー？ ツリーって、樹木のこと？

そうなんだ。まるで「樹木」の枝分かれのようなイメージだね。

でも、「ルート」って「根っこ」のことでしょ。「根っこ」が一番上にあるってなんだか変なの。

そうだね。でも、XMLテキストの構造を図でイメージするときには「ルート」が上にあったほうが分かりやすいよね。

そうね。

じゃあ、この図を元にXPathについて少し詳しく説明するね。

Chapter 8.3 XSLとXPathの関係

XMLテキストに対するXSLのサンプルを見ながら、XPathの指定について理解しましょう。

XSLサンプルを適用した場合

じゃあ、さっき示したサンプルXMLテキストに次のようなXSLサンプルを適用した場合に、どんな風にXPathが関係しているかを説明するね。

うんうん。

```
<?xml version="1.0" encoding="Shift_JIS"?>
<xsl:stylesheet
version="1.0"xmlns:xsl="http://www.w3.org/1999/XSL/Transform">
<xsl:template match="/">
   <html>
   <head>
   <title>たのしいXML：XPathってなぁに？</title>
   <link rel="stylesheet" type="text/css" href="manyo.css" />
   </head>
   <body>
   <p align="center">万葉集：XPath説明用のサンプル</p>
   <xsl:apply-templates />
   <hr width="480" size="5" color="silver" />
   </body>
   </html>
</xsl:template>
<xsl:template match="manyosyu/poem">
```

8 XPath（基礎編）

```
          <hr width="480" size="5" color="silver" />
          <p>■歌番号： <xsl:value-ofselect="@pno" /></p>
          <p>■作者 ： <xsl:value-of select="poet" /></p>
          <p>■歌（読み） ： <xsl:value-of select="yomi" /></p>
       </xsl:template>
    </xsl:stylesheet>
```

さらら、このXSLでは何をしようとしているかはもう分かるよね。

うっ、うん。えっ〜と…。これは、それぞれのpoemについて次のことを表示するようにしてるのね。そうでしょ。

　　poemのpnoっていう属性（の値）を歌の番号として表示
　　poemのpoetを作者名として表示
　　poemのyomiを歌の読みとして表示

そうだね。じゃあ、これをXPathの指定について見てみるね。
まず、次の図を見てくれる!?　XSLの中の<xsl:template match="/">のmatch="/"の"/"（スラッシュ）が元のXMLテキストのルートノードをあらわしているんだよ。

そういうことだったのね…。

8.3 XSLとXPathの関係

```xml
<?xml version="1.0" encoding="Shift_JIS"?>
<xsl:stylesheet version="1.0"
    xmlns:xsl="http://www.w3.org/1999/XSL/Transform">
<xsl:template match="/">
    <html/>
    <head>
    <title>たのしいXML:XPathってなあに?</title>
    <link rel="stylesheet" type="text/css" href="manyo.css"/>
    </head>
    <body>
    <p align="center">万葉集:XPath説明用のサンプル</p>
<xsl:apply-templates/>
    <hr width="480" size="5" color="silver"/>
    </body>
    </html>
</xsl:template>

<xsl:template match="manyosyu/poem">
    <hr width="480" size="5" color="silver"/>
    <p>■歌番号:<xsl:value-of select="@pno"/></p>
    <p>■作者:<xsl:value-of select="poet"/></p>
    <p>■歌(読み):<xsl:value-of select="yomi"/></p>
</xsl:template>
</xsl:stylesheet>
```

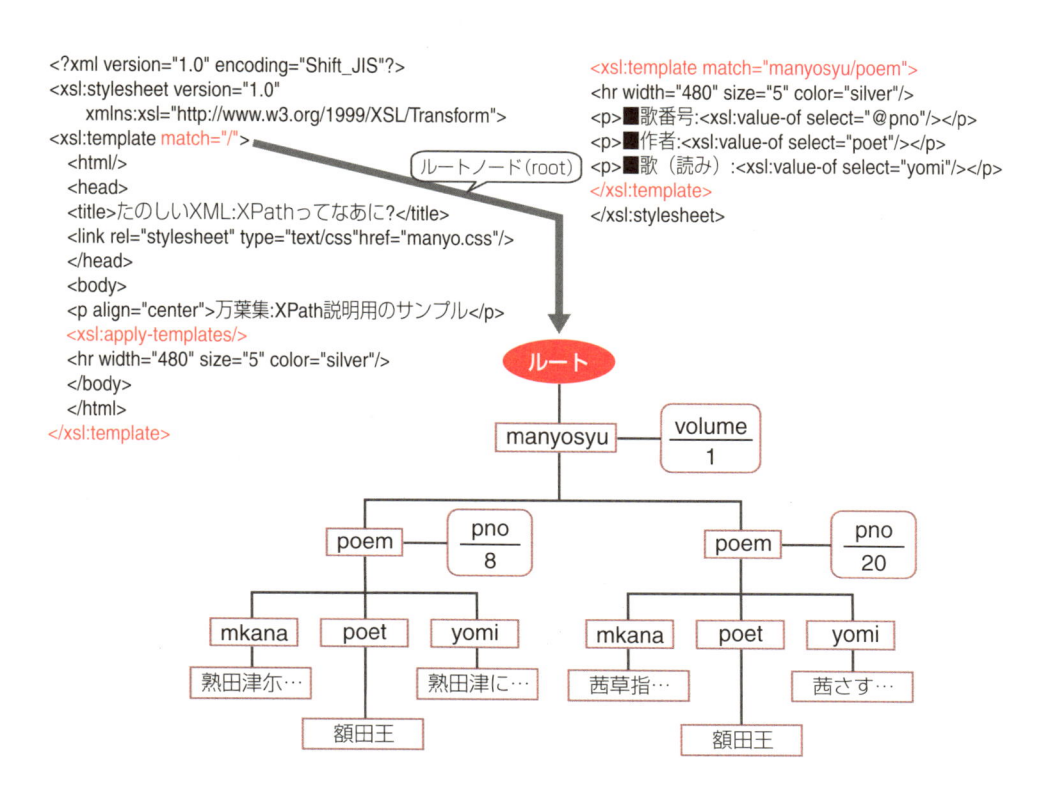

図8-2　XSLシートでのXPathの指定(1) ルートノード(root)

それで、その下の<xsl:apply-templates />で、ルートの下のノードにmatchするテンプレートを適用するように指定してあるよね。

そうだったわね。それで、<xsl:template match="manyosyu/poem">のテンプレートが使われるのよね。そうでしょ。

そうそう。そこでのXPath指定は、match="manyosyu/poem"の"manyosyu/poem"なんだけど、次の図に説明してあるように、「ルートノードからみて、その下のmanyosyuのその下のpoemと一致するノード」っていう意味なんだよ。

8 XPath（基礎編）

```xml
<?xml version="1.0" encoding="Shift_JIS"?>
<xsl:stylesheet version="1.0"
    xmlns:xsl="http://www.w3.org/1999/XSL/Transform">
<xsl:template match="/">
  <html>
    <head>
      <title>たのしいXML:XPathってなあに?</title>
      <link rel="stylesheet" type="text/css" href="manyo.css"/>
    </head>
    <body>
      <p align="center">万葉集:XPath説明用のサンプル</p>
      <xsl:apply-templates/>
      <hr width="480" size="5" color="silver"/>
    </body>
  </html>
</xsl:template>

<xsl:template match="manyosyu/poem">
  <hr width="480" size="5" color="silver"/>
  <p>■歌番号:<xsl:value-of select="@pno"/></p>
  <p>■作者:<xsl:value-of select="poet"/></p>
  <p>■歌（読み）:<xsl:value-of select="yomi"/></p>
</xsl:template>
</xsl:stylesheet>
```

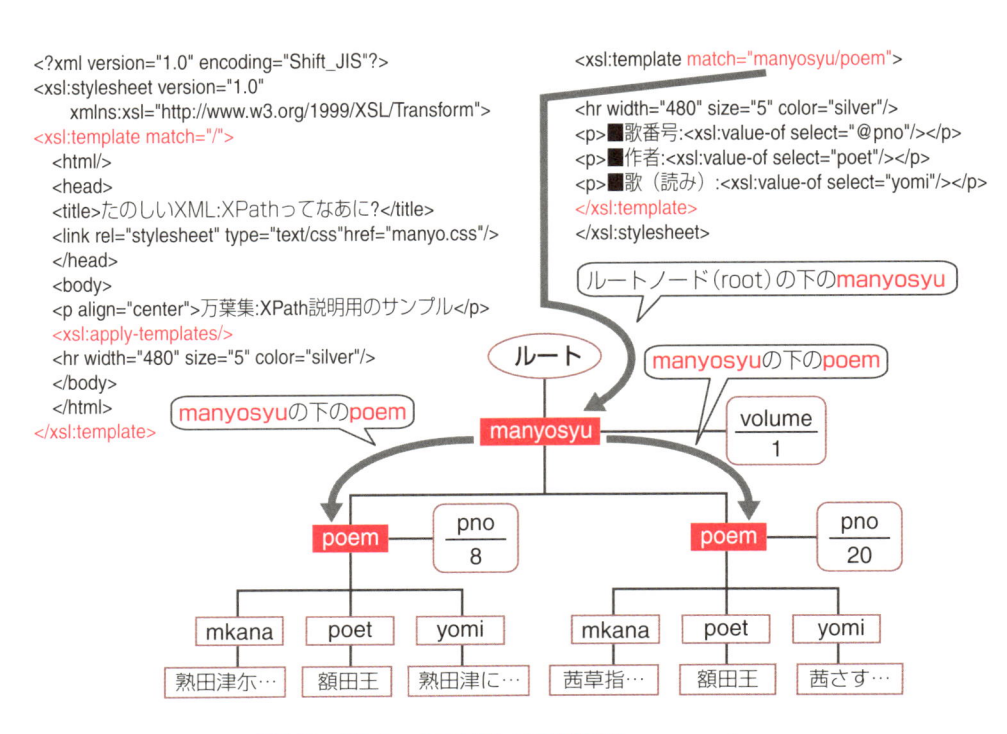

図8-3　XSLシートでのXPathの指定(2) manyosyu/poem

そうなの…。いま見ているXMLサンプルテキストにはmanyosyuの下にはpoemが二つあるから、二つのpoemのノードについてそのテンプレートが適用されるのね。

そうだね。じゃあ、このテンプレートの中を見ていこうね。三つのxsl:value-ofがあるね。

```
<xsl:value-of select="@pno" />
<xsl:value-of select="poet" />
<xsl:value-of select="yomi" />
```

ええ。最初の@pnoの@（アットマーク）は「属性」のことだったわね。

8.3 XSLとXPathの関係

そうそう。前にサンプルでやったのを覚えているよね。次の図を見て。

```
<?xml version="1.0" encoding="Shift_JIS"?>
<xsl:stylesheet version="1.0"
    xmlns:xsl="http://www.w3.org/1999/XSL/Transform">
<xsl:template match="/">
  <html>
  <head>
  <title>たのしいXML:XPathってなあに?</title>
  <link rel="stylesheet" type="text/css"href="manyo.css"/>
  </head>
  <body>
  <p align="center">万葉集:XPath説明用のサンプル</p>
  <xsl:apply-templates/>
  <hr width="480" size="5" color="silver"/>
  </body>
  </html>
</xsl:template>
```

```
<xsl:template match="manyosyu/poem">
  <hr width="480" size="5" color="silver"/>
  <p>■歌番号:<xsl:value-of select="@pno"/></p>
  <p>■作者:<xsl:value-of select="poet"/></p>
  <p>■歌(読み):<xsl:value-of select="yomi"/></p>
</xsl:template>
</xsl:stylesheet>
```

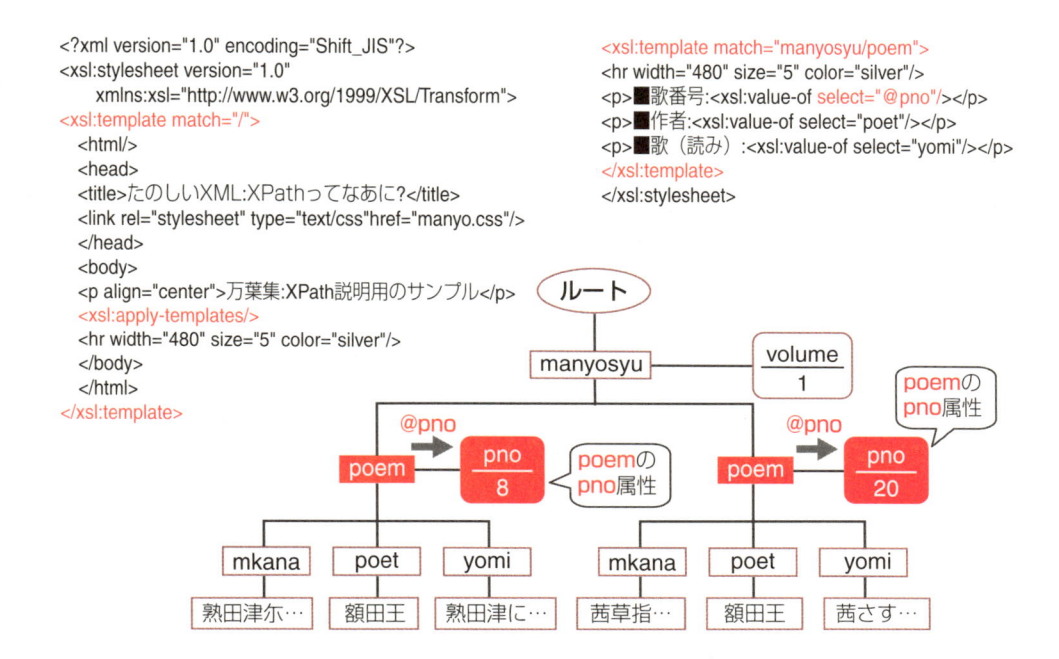

図8-4　XSLシートでのXPathの指定(3) @pno

8 XPath（基礎編）

Chapter 8.4 カレントノード

XPathでは、カレントノードを中心にノードの指定をするんですよ。

ノードを指定する方法

うんうん…。あっ、あれ？　よく見るとさっきのmanyosyu/poemの説明だと「ルートノードから」の指定だったけど、この図だと…。

あっ、そうそう。ひとつ説明を忘れていたよ。このテンプレートは、poemが見つかったときに適用されるって言ったよね。

うん。「ルートノードの下のmanyosyuの下のpoem」よね。

そうだね。で、そのpoemが見つかったときには、カレントノードが「ルートノード」から「poemノード」に移るんだ。

カレントノード？？

XSLTを処理するソフトがいま見ているノードのことで、XPathではこのカレントノードから見てどのノードかを指定するんだよね。

へぇ、そうなんだぁ…。
ということは、このテンプレートを処理しているときにはカレントノードはどっちかのpoemになっているっていうことなのね。

8.4 カレントノード

> あと二つのpoemとyomiもそれぞれカレントノードになっているpoemからの指定になっているんだ。

> わかったわ。

> poetの場合についての図を次に載せておくね。
> yomiはまったく同様だから図は省略するね。

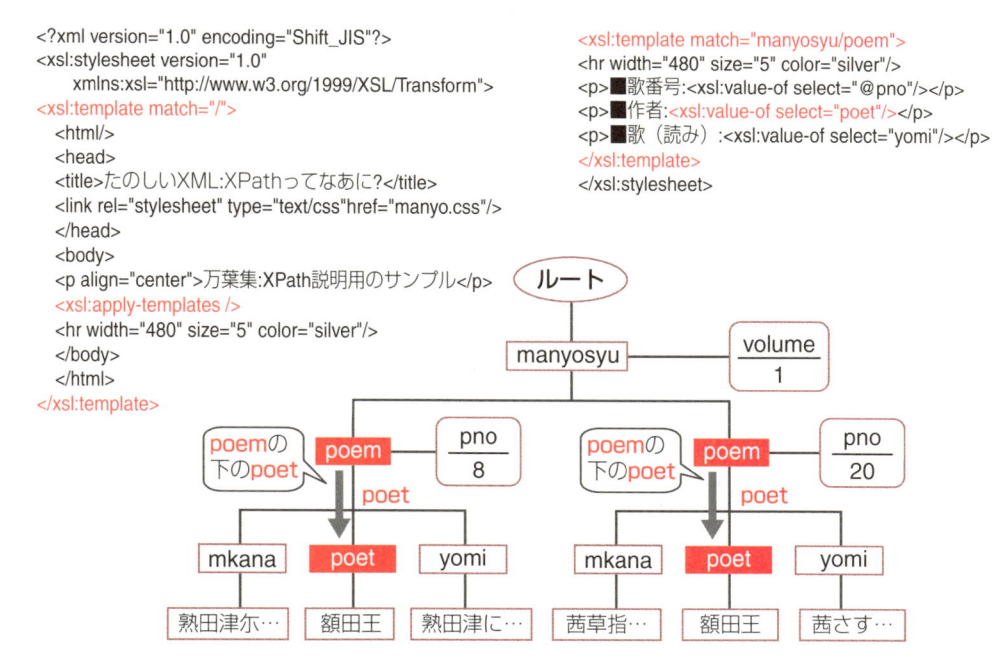

```xml
<?xml version="1.0" encoding="Shift_JIS"?>
<xsl:stylesheet version="1.0"
    xmlns:xsl="http://www.w3.org/1999/XSL/Transform">
<xsl:template match="/">
    <html/>
    <head>
    <title>たのしいXML:XPathってなあに?</title>
    <link rel="stylesheet" type="text/css" href="manyo.css"/>
    </head>
    <body>
    <p align="center">万葉集:XPath説明用のサンプル</p>
    <xsl:apply-templates />
    <hr width="480" size="5" color="silver"/>
    </body>
    </html>
</xsl:template>

<xsl:template match="manyosyu/poem">
    <hr width="480" size="5" color="silver"/>
    <p>■歌番号:<xsl:value-of select="@pno"/></p>
    <p>■作者:<xsl:value-of select="poet"/></p>
    <p>■歌(読み):<xsl:value-of select="yomi"/></p>
</xsl:template>
</xsl:stylesheet>
```

図8-5　XSLシートでのXPathの指定(4) poet

> それから、念のために今回使ったサンプルはInternet Explorerではどんな風に表示されるかを載せておくね。

> うん、ありがと。

8 XPath（基礎編）

万葉集第1巻抜粋のXMLファイル xpathsample.xml

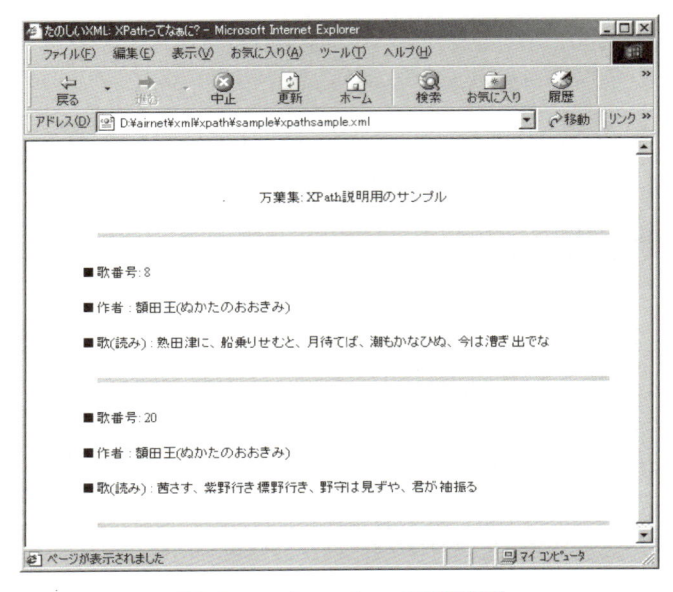

図8-6　xpathsample.xmlの表示結果

👧 これまでのサンプルでなんとなく分かっていたつもりのことが、よ〜くわかった気がするわ。なんだかうれしい!!

🧑 XPathについての基本的なことは、これくらいでおしまい。

👧 は〜い!!

Part9

XHTMLの基本構成

9 XHTMLの基本構成

Chapter9.1 XHTMLの基本形

これまでのまとめの意味でXHTMLについて学びます。

XHTMLとHTMLの関係

ここではXHTMLの基本形について説明するね。

ねぇ、たけち。XHTMLって、最初に簡単に説明してもらったけど、もう忘れちゃった…。

XHTMLはHTML 4.01をXMLで表現できるようにしたものだって言ったよね。

あっ、そうそう…じゃぁ、これまでサンプルでみせてもらったXMLテキストのように書けばいいのかしら。

そうなんだ。XHTMLはXMLだから基本的にはXMLの書き方に沿って書けばいいんだよ。XHTMLの特徴は、XMLテキストの内容がHTML 4.01だってことなんだよ。図で簡単に書いておくね。

9.1 XHTMLの基本形

XML宣言
（このテキストはXMLですよ！）

```
<?xml version="1.0" encoding="Shift-JIS"?>
<!DOCTYPE html PUBLIC "-//W3C//DTD
XHTML 1.0 Strict//EN"
"http://www.w3.org/TR/xhtml1/DTD/xhtml1-strict.dtd">
```

文書型宣言
（テキストはXHTML1.0に合っていますよ！）

XHTML 1.0に従ったテキスト
（HTML 4.01で定義されたタグが使えます）

図9-1　XHTMLの基本構成

> 2行目の文書型宣言（DOCTYPE）って、なんだかわけのわかんない文字がいっぱいね。

> そうだね…。でも、ここではこういうものが必要だってことだけ覚えておいて。勉強していけばそのうち少しずつわかるようになるからね。

> うっ、うん…。

> それに、僕たちに本当に必要なのは、XHTMLに合致したテキスト部分だからね。それはさららも知っているHTML 4.01のタグで書けばいいんだから、意外と簡単なんだよ。

> そうだったわね!!　はやくサンプルが見たいわ、ねっ。

> じゃあ、一番簡単なXHTMLの例を次に書いてみるね。

9 XHTMLの基本構成

```
<?xml version="1.0" encoding="Shift-JIS"?>
<!DOCTYPE html
     PUBLIC "-//W3C//DTD XHTML 1.0 Strict//EN"
    "http://www.w3.org/TR/xhtml1/DTD/xhtml1-strict.dtd">
<html xmlns="http://www.w3.org/1999/xhtml" xml:lang="ja" lang="ja">
  <head>
   <title>XHTMLの例(1)</title>
  </head>
  <body>
    <p>XHTMLの簡単な例です。</p>
  </body>
</html>
```

あら？ 最初の<html>には、見慣れないxmlns="…"なんてのがあるわ。なぁにこれ？

このxmlns="…"はnamespace（ネームスペース：名前空間）って言って、ここでは"http://www.w3.org/1999/xhtml"で規定されているHTMLタグを使いますっていう意味なんだ。namespaceについては、この後で説明するね。

そうなの…。でも、それ以外は、私でも知っている<head>,<title>,<body>,<p>タグだわ。これならなんとか書けそうね。

じゃあ、このXHTMLテキストをファイルにしてみよう。

TIPS 文書型宣言(DOCTYPE)

「万葉集のDTD」作成のところで文書型宣言に直接DTDを記載する方法をご紹介しましたが、ここでご紹介しているXHTMLの文書型宣言は、次のような形式に従っています。

<!DOCTYPE *ルート要素の名前* PUBLIC "*公開識別子*" "*DTDが記載されているURL*" >

　ルート要素の名前…html
　公開識別子…-//W3C//DTD XHTML 1.0 Strict//EN
　DTDが記載されているURL…http://www.w3.org/TR/xhtml1/DTD/xhtml1-strict.dtd

上記URLからDTDがダウンロードできます。また、HTML4.0と同様に以下のDTDも用意されています。

　XHTML-1.0-Transitional…http://www.w3.org/TR/xhtml1/DTD/xhtml1-transitional.dtd
　XHTML-1.0-Frameset…http://www.w3.org/TR/xhtml1/DTD/xhtml1-frameset.dtd

Chapter 9.2 XHTMLテキストの拡張子（.xmlと.html）

XHTMLの簡単なサンプルをInternet Explorer 5.xで見てみましょう。

拡張子の付け方で違う表示の仕方

XHTMLはXMLだから、ファイル名に".xml"（ファイルの拡張子）を付ければいいよね。

それは、いままでのサンプルと同じね。そうでしょ。

そうそう。でも、XHTMLはHTML 4.0の代わりになるように考えられたものでもあるから、ファイル名に".html"（ファイルの拡張子）を付けてもいいんだよ。

あっ、そうなんだぁ…。

あっ、それから実際のテキストには、次のような<meta>タグを<head>タグに続けて載せておいてもいいよ。

```
<meta http-equiv="Content-Type" content="text/html; charset=Shift-JIS">
```

9 XHTMLの基本構成

じゃあ、さっきのサンプルテキストを、xhtml-sample1.xmlとxhtml-sample1.html として作ったファイルをInternet Explorer 5.xでそのまま表示したときの違いを見てみようね。どうなると思う？

う〜ん…。xhtml-sample1.xmlのほうは、「Chapter5. XMLを書いてみよう」で一番最初に作った万葉集第1巻抜粋のXMLファイルみたいに構造が見えるだけだと思うわ。それでxhtml-sample1.htmlの方は…? う〜ん。じらさないで早く見せて!!

xhtml-sample1.xmlの方はさららの言うとおりだね。じゃあ、次に二つのファイルを載せておくね。

XHTMLファイル sample1.xml

```
<?xml version="1.0" encoding="Shift-JIS"?>
<!DOCTYPE html
     PUBLIC "-//W3C//DTD XHTML 1.0 Strict//EN"
    "http://www.w3.org/TR/xhtml1/DTD/xhtml1-strict.dtd">
<html xmlns="http://www.w3.org/1999/xhtml" xml:lang="ja" lang="ja">
  <head>
   <title>XHTMLの例(1)</title>
  </head>
  <body>
    <p>XHTMLの簡単な例です。</p>
  </body>
</html>
```

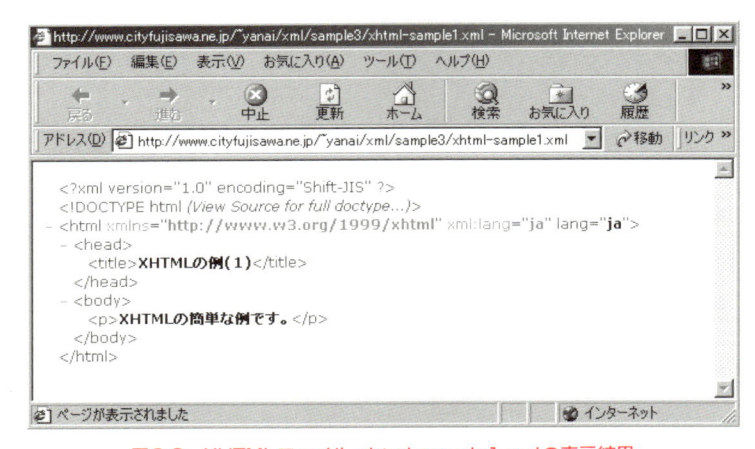

図9-2　XHTMLファイル xhtml-sample1.xmlの表示結果

9.2 XHTMLテキストの拡張子（.xmlと.html）

XHTMLファイル sample1.html

```xml
<?xml version="1.0" encoding="Shift-JIS"?>
<!DOCTYPE html
     PUBLIC "-//W3C//DTD XHTML 1.0 Strict//EN"
    "http://www.w3.org/TR/xhtml1/DTD/xhtml1-strict.dtd">
<html xmlns="http://www.w3.org/1999/xhtml" xml:lang="ja" lang="ja">
  <head>
   <meta http-equiv="Content-Type" content="text/html; charset=Shift-JIS">
   <title>XHTMLの例(1)</title>
  </head>
  <body>
    <p>XHTMLの簡単な例です。</p>
  </body>
</html>
```

図9-3　XHTMLファイル xhtml-sample1.htmlの表示結果

あらっ、xhtml-sample1.htmlって普通にHTMLとして表示されるのね。でも、これだけだったら何もわざわざXHTMLにする必要なんて…。

あっ、それはまた後ほど、ということで…これならわかりやすいね。じゃあ、今回はこれくらいで…。

うっ、うん。ありがと…。

Chapter 9.3 XHTMLを表示する (xsl:copy)

XHTMLを表示するときに、xsl:copyってよく使うんですよね。覚えておきましょう。

XHTMLをXSLを使ってHTMLに変換する

前回ちょっとだけ触れたnamespaceを使えば、XHTMLテキストに自分で定義したタグを追加できるんだけど、その前に基本的なXHTMLテキストをXSLを使って表示してみよう。

え～っと…。XSLを使うっていうんだから、XMLテキストとして扱うのね。

そうそう。で、XHTMLテキストの簡単な例を次に載せておくね。内容は、HTML 4.0 そのものだよ。前回のサンプルだとXSLを使っていなかったので、XHTMLの構造（タグ）がそのまま表示されたね。

```
<?xml version="1.0" encoding="Shift-JIS"?>
<?xml-stylesheet type="text/xsl" href="sample2.xsl"?>
<!DOCTYPE html
     PUBLIC "-//W3C//DTD XHTML 1.0 Strict//EN"
    "http://www.w3.org/TR/xhtml1/DTD/xhtml1-strict.dtd">
<html xmlns="http://www.w3.org/1999/xhtml" xml:lang="ja" lang="ja">
  <head>
   <title>XHTMLの例(2)</title>
  </head>
  <body>
    <p>XHTMLの簡単な例です。</p>
    <p>XSL(sample2.xsl)でhtmlに変換し、CSS(sample2.css)を適用しています。</p>
  </body>
</html>
```

9.3 XHTMLを表示する（xsl:copy）

どう？これ自体は問題ないよね。前回のXHTMLの基本形とほとんど同じで、違っているのは…。

2行目の<?xml-stylesheet .... ?>と<p>タグのテキストが追加になっていることね。

その通り。で、このXHTMLテキストからそのままの形でHTMLに変換するには、どんなXSLを書くのかなんだけど。xsl:copyっていう指定方法があるんだ。

xsl:copy？

xsl:copyで、もとのXMLテキストの指定したタグの部分をそのままコピーすることができるんだ。つまり、ここではXHTMLに含まれているHTML 4.0と同じタグで書いた構造をそのまま表示のためのHTMLとして使うことができるんだね。

あっ、そういうことなのね。

```
<?xml version="1.0" encoding="Shift_JIS"?>
<xsl:stylesheet version="1.0"
xmlns:xsl="http://www.w3.org/1999/XSL/Transform">

<xsl:template match="/">
<html>
<link rel="stylesheet" type="text/css" href="sample2.css" />
   <xsl:apply-templates />
</html>
</xsl:template>

<!--   もとのxmlテキストの内容をそのままコピーします   -->
<xsl:template match="@*|node()">
   <xsl:copy>
```

9 XHTMLの基本構成

```
        <xsl:apply-templates />
    </xsl:copy>
</xsl:template>

</xsl:stylesheet>
```

`<xsl:template match="@*|node()">`のmatch="@*|node()"ってどういう意味なの？

すべての「属性」とすべてのnode（タグで示される要素）にmatch（一致）したらってことだよ。"｜"は「または」って意味。

ふ〜ん。ちょっとわかりにくい記号ね。

そっ、そうだね…。

Chapter 9.4 XHTMLの基本的な表示の流れのまとめ

XHTMLを表示するのには、XSLそしてCSSが欠かせないですね。

XHTML＋XSL＋CSSによる表示

お話ばっかり続いちゃったから、ここで簡単に整理しておこうね。図をみて、今までのことを思い出しながら…。どう？

そうね。やっとだいたいの流れがわかったわ。

このxsl:copyはXHTMLの場合のXSLではよく使うから覚えておいて。

は〜い。あっ、CSSもいっしょに載せてね。

あっ、もちろんだよ。

9 XHTMLの基本構成

```
XHTML(sample2.xml)
<?xml version="1.0" encoding="Shift-JIS"?>
<?xml-stylesheet type="text/xsl" href="sample2.xsl"?>
<!DOCTYPE html PUBLIC "-//W3C//DTD ….>
<html xmlns="http://www.w3.org/1999/xhtml" xml:lang="ja"
  lang="ja">
    （内容省略）
</html>
```

XHTML 1.0に従ったテキスト
（HTML 4.0で定義されたタグ）

```
XSL(sample2.xsl)
（一部省略）
<xsl:template match="@*|node()">
  <xsl:copy>        すべてのタグと内容をコピー
  <xsl:apply-templates />
  </xsl:copy>
</xsl:template>
```

```
<html >
<link rel="stylesheet" type="text/css"
  href="sample2.css" />
（内容省略）
</html>
```
CSS(sample2.css)

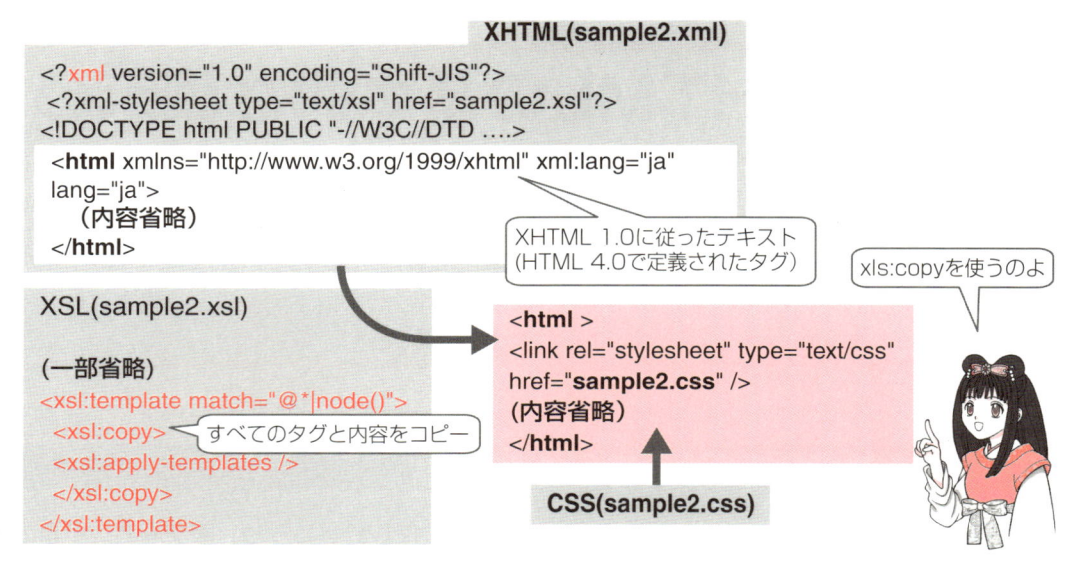

xls:copyを使うのよ

図9-4　XHTMLの基本的な表示の例

じゃあ、いつものようにサンプを載せておくね。で、その前にCSSもリストしておくね。すごく簡単なCSSだけどね。

ありがと。

◆sample2.cssのリスト

```
body   { background-image:url(image/bmanyo.jpg) }
p  { display:block; color:navy; font-size:12pt; }
```

9.4 XHTMLの基本的な表示の流れのまとめ

XHTMLファイル sample12.xml

```xml
<?xml version="1.0" encoding="Shift-JIS"?>
<?xml-stylesheet type="text/xsl" href="sample2.xsl"?>
<!DOCTYPE html
     PUBLIC "-//W3C//DTD XHTML 1.0 Strict//EN"
    "http://www.w3.org/TR/xhtml1/DTD/xhtml1-strict.dtd">
<html xmlns="http://www.w3.org/1999/xhtml" xml:lang="ja" lang="ja">
  <head>
   <title>XHTMLの例(2)</title>
  </head>
  <body>
    <p>XHTMLの簡単な例です。</p>
    <p>XSL(sample2.xsl)でhtmlに変換し、CSS(sample2.css)を適用しています。</p>
  </body>
</html>
```

図9-5 XHTMLファイル xhtml-sample2.xmlの表示結果

これでやっとXHTMLの表示についてわかったような気がするわ。で、これって基本なのよね、たけち。

そうなんだ。さららが気にしているのは、このままじゃこれまでのHTMLテキストと何も変わらないってことだったよね。さららの疑問に答えるにはも少し話を進めていかないといけないね。やっぱり、namespaceについて話をしなくちゃいけないかなぁ…。

なっ、なんだか難しそうね…大丈夫かしら。

9 XHTMLの基本構成

Chapter9.5 namespaceってな〜に？

タグ名の重複で構造がわからなくならないようにnamespaceが使われます。namespaceの名前にはurlが使われます。

名前空間？

XHTMLのいいところって、自分で決めたタグを入れられるってことだったよね。前回のサンプルは、さららが言うようにこれまでのHTMLテキストとなぁ〜にも変わってなかったから。今回は、それについて試してみよう。

は〜い。でも、前回のXHTMLのサンプルに自分で作ったXMLテキストをそのまま入れればいいんでしょ。

う〜ん、とね。そのまま入れてもだめなんだ…。

えっ、どうして？

というのは、自分で作ったXMLタグ、といってもいろいろな人が作ったタグを組み合わせて使いたいときってあるよね。たとえば、万葉集のXMLテキストと古今和歌集のXMLテキストを一緒に組み合わせて使いたいとか、ね。

それはそうよね。そういうことができるのがXMLやXHTMLのいいところって聞いたもの…。

そうなんだけど、すべての人がそれぞれの目的に合わせたXMLテキストを作るときに、タグの名前を相談して決められるわけはないよね。そうすると、どうしても違う意味で作ったタグなのに、同じタグの名前ができてくるよね。例えば、<title>や<name>とか、<home>とかねっ。

9.5 namespaceってな～に？

あっ、そういえばそうね…。じゃあ、どうしたらいいの？

そういうことで困らないように、XMLでは、「namespace（名前空間）」ってのが決められていんるだ。

名前…？、空間…？

うん。XMLテキストの中で色々な構造を持ったテキストを混在して使うときに、それぞれをきちんと区別するためのルールなんだ。そのためには、タグの前に「だれだれの作ったどういう構造のものですよ」っていう意味の名前をつけるんだ。

へぇ～。どんな名前をつけてもいいの？ …あっ、またその名前ってダブったりしないの？！

そうだね。普通に考えられる名前だと、同姓同名がたくさんあるみたいになっちゃうよね。そこで、そのnamespaceをあらわす名前には、さららも良く知っている"http://www6.airnet.ne.jp/manyo/"のようなURLを使うことになっているんだよ。これなら世界中の人が自分だけのnamespaceを持つことができるよね。

---

xhtmlの名前空間
"http://www.w3.org/1999/xhtml"
title, head, p,……

万葉集の名前空間 （URL）
"http://www6.airnet.ne.jp/manyo"
title, volume, poem,……

続日本紀の名前空間
"http:// www6.airnet.ne.jp/syoku"
title, volume, event,……

古今和歌集の名前空間
"http://……………………"
title, prologue, poem,……

namespace(名前空間)を使って 自分で作ったタグをXHTMLテキストに追加できます

namespace（名前空間）はURLで特定します

図9-6　namespace（名前空間）を指定してタグを区別する

9 XHTMLの基本構成

あっ、な〜るほど。よく考えたものね。それならだれがつくっても同じ名前にはならないわね。あら、XHTMLもnamespaceを使っているのね。

うん。XHTMLって広い意味の中で考えればXMLの応用の一つだからね。じゃぁ、いままでのことの確認も含めて、namespaceを使った例を載せておくね。

9.6 namespaceを指定したXMLテキストの書き方

Chapter 9.6 namespaceを指定したXMLテキストの書き方

namespaceの使い方を学びましょう。
わかりやすいので心配ないですね。

namespace（名前空間）の書き方

namespaceにhttp://www6.airnet.ne.jp/manyoを指定して万葉集の歌を追加してみると下のようになります。

```
<?xml version="1.0" encoding="Shift-JIS"?>
<html xmlns="http://www.w3.org/1999/xhtml"
    xml:lang="ja" lang="ja">
 <head>
<title>XHTMLの例(2)</title>
</head>
<body>
 <p>XHTMLの簡単な例です。万葉集の歌を載せますね。</p>
    < http://www6.airnet.ne.jp/manyo :poem>
       < http://www6.airnet.ne.jp/manyo :pno>
       8</ http://www6.airnet.ne.jp/manyo :pno>
       < http://www6.airnet.ne.jp/manyo :mkana>
       熟田津尓 船乗世武登 月待者 潮毛可奈比沼 今者許藝乞菜
       </ http://www6.airnet.ne.jp/manyo :mkana>
       < http://www6.airnet.ne.jp/manyo :poet>
       額田王(ぬかたのおおきみ)
       </ http://www6.airnet.ne.jp/manyo :poet>
       < http://www6.airnet.ne.jp/manyo :yomi>
          熟田津(にきたつ)に、船(ふな)乗りせむと、月待てば、
          潮もかなひぬ、今は漕(こ)ぎ出(い)でな
       </ http://www6.airnet.ne.jp/manyo :yomi>
    </ http://www6.airnet.ne.jp/manyo :poem>
</body>
</html>
```

なっ、長いわ…

図9-7　namespaceを使って万葉集の歌を追加してみましょう

9 XHTMLの基本構成

イメージはわかったけど…。でも、こんな長ったらしいのって書くのもヤダし、読みづらいわ。なんとかなんないの。

いゃ〜。本当にごちゃごちゃした感じがするね。そこで、使うのが「名前空間接頭辞」。

な〜んだ、また新しい言葉!?

そっ、そうだね…。ともかく、これを使うとぐっと楽に、すっきりするんだよ。次に例を載せておくね。要点は次の通り。

```
<?xml version="1.0" encoding="Shift-JIS"?>
<html xmlns="http://www.w3.org/1999/xhtml"
      xmlns:manyo= "http://www6.airnet.ne.jp/manyo"
          xml:lang="ja" lang="ja">
 <head>
<title>XHTMLの例(2)</title>
</head>
<body>
 <p>XHTMLの簡単な例です。万葉集の歌を載せますね。</p>
   <manyo:歌>
       <manyo:歌番号>8</manyo:歌番号>
       <manyo:原文>
       熟田津尓 船乗世武登 月待者 潮毛可奈比沼 今者許藝乞菜
       </manyo:原文>
       <manyo:作者>額田王(ぬかたのおおきみ)</manyo:作者>
       < manyo:読み>
       熟田津(にきたつ)に、船(ふな)乗りせむと、月待てば、
       潮もかなひぬ、今は漕(こ)ぎ出(い)でな
       </ manyo:読み>
   </ manyo:歌>
</body>
</html>
```

名前空間接頭辞で名前空間を定義

名前空間接頭辞を使ってタグを書く

これなら簡単ね！

図9-8 namespace（名前空間）：名前空間接頭辞の宣言と使用

9.6 namespace（名前空間）を指定したXMLテキストの書き方

XHTMLに自分で作ったタグを追加する方法についてのイメージが、だいたいのだけどわかったような気がするわ。でも、なにか簡単でもいいから例を見てみたいわね。表示のためにはXSLを使わなくちゃいけないし…。

そうだね。ひとつでもnamespaceを使ったときのXSLの書き方のサンプルを作っておきたいね。

期待してるわ。

注1）namespaceの宣言にはURLと説明してますが、実際には**URI（Uniforn Resource Identifier）**が正しいです。ただ、本書での説明の範囲ではURI=URLなので一般的になじみのあるURLで説明させていただきました。

注2）namespaceの宣言に指定するURLの実際の場所には特に何も存在しなくても今のところ問題はありません。名前の区別に使っているだけでそのURL先のテキストを読みに行っているわけではないのです。

注3）図9-7の例は、実際にはタグ名には"/"（スラッシュ）は使えないのでこれ自体は無効です。あくまでも説明のためのサンプルです。

TIPS　HTMLからXHTMLにするときに注意すること

HTMLからXHTMLにするときの基本的な注意事項を補足しておきます。

1. すべてのタグは小文字で

XHTMLでは大文字と小文字は区別され、これまでのHTMLのすべての要素は「小文字」で定義されました。

    <TABLE>　→　<table>

    <P>　　　→　<p>

    <H1>　　→　<h1>

    <HR>　　→　<hr>

2. 必ず終了タグを書くこと

HTMLで許される書き方	→	XHTMLでの書き方
<p>これは段落です。		<p>これは段落です。</p>
<p>これも段落です。		<p>これも段落です。</p>
<ul>		<ul>

（次ページへ続く）

9 XHTMLの基本構成

```
<li>これはリスト項目です。              <li>これはリスト項目です。</li>
<li>これもリスト項目です。              <li>これもリスト項目です。</li>
</ul>                                   </ul>
```

3. 属性の値は、ダブルクォーテーション(")で囲む。

XHTMLでの属性の書き方の例

```
<body text="blue">このページでは文字の色をblueにします。</body>

<p align="center">これは中央揃えの段落です。</p>
<p align="right">これは右揃えの段落です。</p>

<ul>
<li type="square">リスト項目の前に■(square)がつきます。</li>
<li type="disc">リスト項目の前に●(disc)がつきます。</li>
</ul>
```

4. CDATAセクション以外での &, <, > は次のように書く

   &(アンパサンド)　　は & と書く
   <(小なり)　　　　　は <　と書く
   >(大なり)　　　　　は >　と書く

注) CDATAセクションはタグが処理されないデータ部分なので、&, <, > はそのまま記述することができます。

namespace（名前空間）に対応したXSLの指定

Chapter 9.7

namespace（名前空間）に対応したXSLの指定

名前空間接頭辞とタグ名を使って指定するんです。XSLサンプルによる表示結果もみてみましょう。

名前空間接頭辞とタグ名

じゃあ、今回は前回作った簡単なXHTMLのサンプルにXSLを適用してInternet Explorer 5.xで表示してみようね。

は～い。でも、前にXMLテキストを表示するのに作ったXSLのサンプルと同じなんじゃないの？

あっ。ほとんど一緒なんだけど、前回のサンプルにはnamespace（名前空間）を使っているんで、namespace（名前空間）に対応したXSLの指定の仕方（書き方）がちょっと違うんだ。といってもすごく簡単で、「namespaceを含んでタグ名を指定」すればいいんだよ。例えば、

<xsl:value-of select="manyo:pno" />

みたいにね。

あっ、そうなんだ。

じゃぁ、サンプルを作ってみようね。XHTMLテキストは前回のテキストに歌をも少し追加したものを使いましょう。で、表示は表形式でね。図のようにしてみるね。

9 XHTMLの基本構成

XHTMLのサンプルテキスト

```
<?xml version="1.0" encoding="Shift-JIS"?>
<html xmlns="http://www.w3.org/1999/xhtml"
      xmlns:manyo= "http://www6.airnet.ne.jp/manyo"
           xml:lang="ja" lang="ja">
<head>
<title>XHTMLのサンプルです </title>
</head>

<body>
<h3>XHTMLのサンプル </h3>
<p>XHTMLの簡単な例です。万葉集の歌を載せますね。</p>

<manyo:manyosyu vol="1">
  <manyo:poem>
          ・・・省略・・・
  </ manyo:poem>
<manyo:poem>
          ・・・省略・・・
  </ manyo:poem>
・・・・・・
</manyo:manyosyu>

</body>
</html>
```

- そのままコピー
- HTML部分
- tableに変換
- namespaceがmanyoの部分
- XSL
- Internet Explorer 5.xなど

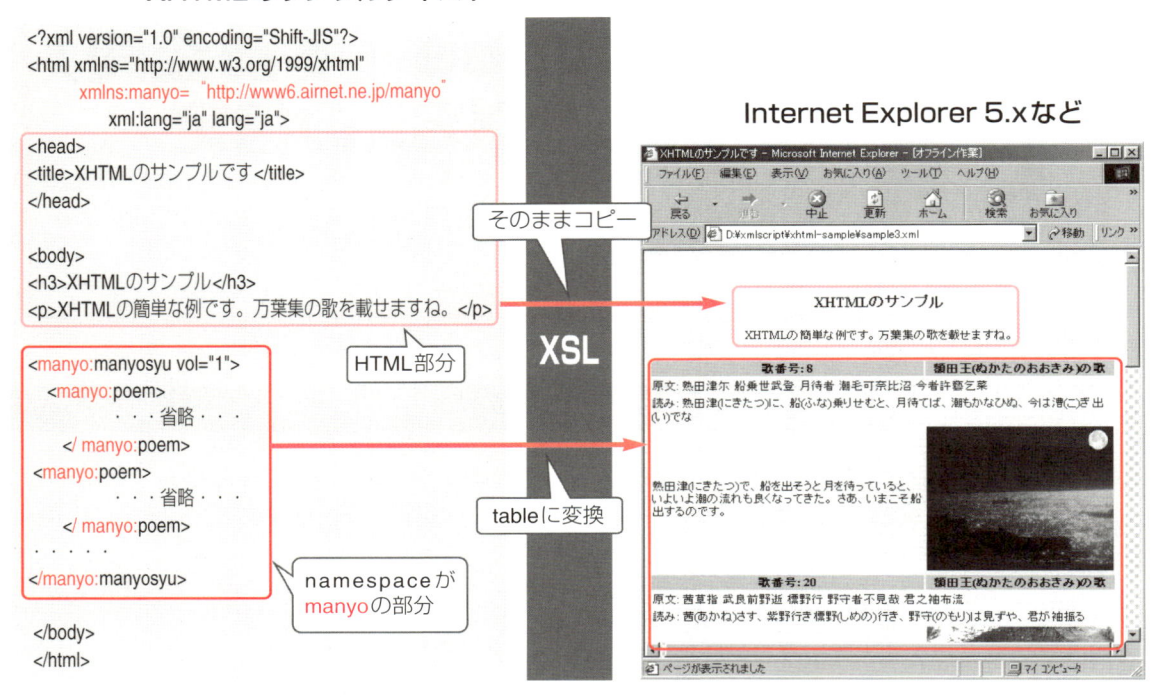

図9-9　XHTMLを表示するXSLの作成

> いままでのXSLサンプルとは、XHTMLのHTMLテキスト部分と自分で作ったタグ構造のテキスト部分、このサンプルではmanyo:manyosyuだけど、区別してXSLを書けばわかりやすいのね。

> うん。これでXHTMLもInternet Explorerで表示できそうだね。
> じゃぁ、実際にやってみようね。まず、XHTMLテキストのサンプルのリストを載せるね。

9.7 namespace（名前空間）に対応したXSLの指定

XHTMLサンプルテキストと対応したXSLサンプルテキスト

◆XHTMLサンプルテキスト

```
<?xml version="1.0" encoding="Shift_JIS"?>
<?xml-stylesheet type="text/xsl" href="xhtml-sample3.xsl"?>
<html xmlns="http://www.w3.org/1999/xhtml"
    xmlns:manyo="http://www6.airnet.ne.jp/manyo"
    xml:lang="ja" lang="ja">
<head>
    <title>xhtmlのサンプルです</title>
</head>

<body>

<h3>XHTMLのサンプル</h3>
<p>XHTMLの簡単な例です。万葉集の歌を載せますね。</p>

<manyo:manyosyu volume="1">
    <manyo:poem>
    <manyo:pno>8</manyo:pno>
    <manyo:mkana>熟田津尓 船乗世武登 月待者 潮毛可奈比沼 今者許藝乞菜</manyo:mkana>
    <manyo:poet>額田王(ぬかたのおおきみ)</manyo:poet>
    <manyo:yomi>
    熟田津(にきたつ)に、船(ふな)乗りせむと、月待てば、潮もかなひぬ、今は漕(こ)ぎ出(い)でな
<manyo:yomi>
    <manyo:image>image/m0008.jpg</manyo:image>
    <manyo:mean>熟田津(にきたつ)で、船を出そうと月を待っていると、いよいよ潮の流れも良くなってきた。
さあ、いまこそ船出するのです。
    </manyo:mean>
    </manyo:poem>

*** リストが長くなるので、歌のところは省略しますね。 (^ ^;

</manyo:manyosyu>

</body>
</html>
```

◆XSLサンプルテキスト

```xml
<?xml version="1.0" encoding="Shift_JIS"?>
<xsl:stylesheet version="1.0" xmlns:xsl="http://www.w3.org/1999/XSL/Transform"
xmlns:manyo="http://www6.airnet.ne.jp/manyo/">

<xsl:template match="/">
<html>
<head>
<title><xsl:value-of select="html/head/title" /></title>
<link rel="stylesheet" type="text/css" href="manyo.css" />
</head>

<xsl:template match="/">
<html>
<link rel="stylesheet" type="text/css" href="manyo.css" />
<xsl:apply-templates />
</html>
</xsl:template>

<!-- h3やpの部分をそのままコピーします -->
<xsl:template match="@*|node()">
<xsl:copy>
<xsl:apply-templates />
</xsl:copy>
</xsl:template>

<!-- manyo:万葉集の部分をtableの形にして表示します。 -->
<xsl:template match="manyo:manyosyu">
<xsl:for-each select="manyo:poem">
<table border="0" width="500" align="center">
<tr>
<th>歌番号: <xsl:value-of select="manyo:pno" /></th>
<th><xsl:value-of select="manyo:poet" />の歌</th>
</tr>
<tr>
<td colspan="2">原文: <xsl:value-of select="manyo:mkana" /></td>
</tr>
<tr>
```

9.7 namespace（名前空間）に対応したXSLの指定

```
<td colspan="2">読み：<xsl:value-of select="manyo:yomi" /></td>
</tr>
<tr>
<td><xsl:value-of select="manyo:mean" /></td>
<td>
<img>
   <xsl:attribute name="src">
   <xsl:value-of select="manyo:image" />
   </xsl:attribute>
</img>
</td>
</tr>
</table>
</xsl:for-each>
</xsl:template>

</xsl:stylesheet>
```

よ～く見ると、いままでのXSLのサンプルでやってきたことばかりだわね。

じゃあ、このXSLテキストを"xhtml-sample3.xsl"というファイルにして、実際にどうなるか見てみようね。いつもと同じように、2行目は<?xml-stylesheet type = "text/xsl" href = "xhtml-sample3.xsl"?>として、"xhtml-sample3.xsl"というファイルを作成しているからね。また、"image"フォルダを作って、そこに必要なイメージファイルを入れてあるからね。

万葉集第1巻抜粋のXHTMLファイル xhtml1.xsl（前述で説明したXSLを適用）

```
<?xml version="1.0" encoding="Shift_JIS"?><?xml version="1.0" encoding="Shift_JIS"?>
<?xml-stylesheet type="text/xsl" href="xhtml-sample3.xsl"?>
<html xmlns="http://www.w3.org/1999/xhtml"
   xmlns:manyo="http://www6.airnet.ne.jp/manyo/"
   xml:lang="ja" lang="ja">
<head>
<title>XHTMLのサンプルです</title>
```

9 XHTMLの基本構成

```
</head>

<body>

<h3>XHTMLのサンプル</h3>
<p>XHTMLの簡単な例です。万葉集の歌を載せますね。</p>

<manyo:manyosyu volume="1">
    <manyo:poem>
        <manyo:pno>8</manyo:pno>
        <manyo:mkana>熟田津尓 船乗世武登 月待者 潮毛可奈比沼 今者許藝乞菜</manyo:mkana>
        <manyo:poet>額田王(ぬかたのおおきみ)</manyo:poet>
        <manyo:yomi>
            熟田津(にきたつ)に、船(ふな)乗りせむと、月待てば、潮もかなひぬ、今は漕(こ)ぎ出(い)でな
        </manyo:yomi>
        <manyo:image>image/m0008.jpg</manyo:image>
        <manyo:mean>熟田津(にきたつ)で、船を出そうと月を待っていると、いよいよ潮の流れも良くなってきた。さあ、いまこそ船出するのです。
        </manyo:mean>
    </manyo:poem>

    <manyo:poem>
        <manyo:pno>20</manyo:pno>
        <manyo:mkana>茜草指 武良前野逝 標野行 野守者不見哉 君之袖布流</manyo:mkana>
        <manyo:poet>額田王(ぬかたのおおきみ)</manyo:poet>
        <manyo:yomi>
            茜(あかね)さす、紫野行き標野(しめの)行き、野守(のもり)は見ずや、君が袖振る
        </manyo:yomi>
        <manyo:image>image/m0020.jpg</manyo:image>
        <manyo:mean>(茜色の光に満ちている) 紫野、天智天皇御領地の野で、あぁ、あなたはそんなに袖を振ってらして、野守が見るかもしれませんよ。
        </manyo:mean>
    </manyo:poem>

    <manyo:poem>
        <manyo:pno>23</manyo:pno>
        <manyo:mkana>打麻乎 麻續王 白水郎有哉 射等篭荷四間乃 珠藻苅麻須</manyo:mkana>
        <manyo:poet>poet不明</manyo:poet>
        <manyo:yomi>
            打ち麻(そ)を、麻続(をみの)の王(おほきみ)、海人(あま)なれや、伊良虞(いらご)の島の、玉藻(たまも)刈ります
```

9.7 namespace（名前空間）に対応したXSLの指定

```
            </manyo:yomi>
            <manyo:image>image/m0023.jpg</manyo:image>
            <manyo:mean>麻続(をみの)の王(おほきみ)さまは海人(あま)なのでしょうか、(いいえ、そうではいらっしゃらないのに、)伊良虞の島の藻をとっていらっしゃる・・・・</manyo:mean>
        </manyo:poem>

        <manyo:poem>
            <manyo:pno>24</manyo:pno>
            <manyo:mkana>空蝉之 命乎惜美 浪尓所濕 伊良虞能嶋之 玉藻苅食</manyo:mkana>
            <manyo:poet>poet不明</manyo:poet>
            <manyo:yomi>
                うつせみの、命を惜しみ、波に濡れ、伊良虞(いらご)の島の、玉藻(たまも)刈(か)り食(は)む
            </manyo:yomi>
            <manyo:image>image/m0024.jpg</manyo:image>
            <manyo:mean>命惜しさに、波に濡れながら、伊良虞(いらご)の島の藻をとって食べるのです・・・<br />麻続(をみの)の王(おほきみ)が伊良虞の島に流された時、島の人がこれを哀しんで詠んだ歌を聞いて詠んだ歌ということです。</manyo:mean>
        </manyo:poem>

        <manyo:poem>
            <manyo:pno>28</manyo:pno>
            <manyo:mkana>春過而 夏来良之 白妙能 衣乾有 天之香来山</manyo:mkana>
            <manyo:poet>持統天皇(じとうてんのう)</manyo:poet>
            <manyo:yomi>
                春過ぎて 夏来たるらし 白妙(しろたえ)の 衣干したり 天(あめ)の香具山(かぐやま)
            </manyo:yomi>
            <manyo:image>image/m0028.jpg</manyo:image>
            <manyo:mean>春が過ぎて、夏が来たらしい。白妙(しろたえ)の衣が香久山(かぐやま)の方に見える。</manyo:mean>
        </manyo:poem>

        <manyo:poem>
            <manyo:pno>37</manyo:pno>
            <manyo:mkana>雖見飽奴 吉野乃河之 常滑乃 絶事無久 復還見牟</manyo:mkana>
            <manyo:poet>柿本人麻呂(かきのもとのひとまろ)</manyo:poet>
            <manyo:yomi>
                見れど飽かぬ、吉野の川の、常滑(とこなめ)の、絶ゆることなく、またかへり見む
            </manyo:yomi>
            <manyo:image>image/m0037.jpg</manyo:image>
            <manyo:mean>何度見ても飽きることの無い吉野の川の常滑(とこなめ)のように、絶えること無く何度も何度も見にきましょう。</manyo:mean>
```

9 XHTMLの基本構成

```
    </manyo:poem>

</manyo:manyosyu>

</body>
</html>
```

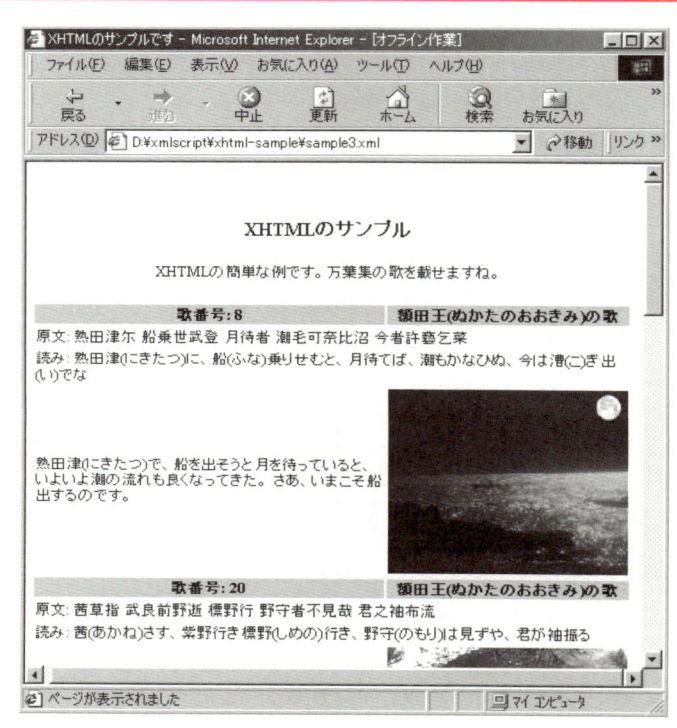

図9-10 xhtml-sample3.xslの表示結果

あっ、見えた見えた!! XHTMLに自分で作ったタグを追加して、それにXSLを適用して…、だいたい感じがつかめた気がするわ。

よかったね。基本的な感じがつかめたから、これからはさららだけでもっと詳しくXMLやXHTMLについて勉強しようね。

は〜い。でも、大丈夫かしら…。

Chapter9.8 CSSだけでできること

XHTMLは基本的にはHTML4.01なので、CSSだけでもけっこうきれいに表示できるわね。

XHTMLの見栄えをCSSだけで決める

今回は、ちょっと補足としてXSLを使わないでCSSだけを使ってどのくらいのこと（XHTMLの表示）ができるかをやってみよう。

えっ、これまでの話だとXSLを使わないとXHTMLの表示がうまくできないって思ってたけど？

うん。実用上はそうなんだけど、テキストだけでとりあえず簡単に見たいってときには、CSSだけでできることもあるんだ。たいしたことはできないけどね。

へぇ～、そうなんだぁ…。

じゃぁ、サンプルを作りながら考えてみようね。通常のHTMLに適用するCSSのときと違って注意点が一つだけあるんだ。XML/XHTMLテキストの要素にCSSを適用する場合は次のように、namespaceとタグ名を指定するんだよ。

9 XHTMLの基本構成

XHTMLのサンプルテキスト

```
<?xml version="1.0" encoding="Shift-JIS"?>
<html xmlns="http://www.w3.org/1999/xhtml"
      xmlns:manyo=" http://www6.airnet.ne.jp/manyo"
      xml:lang="ja" lang="ja">
<head>
<title>XHTMLのサンプル-1です</title>
</head>
```

→ html部分
```
<body>
<h3>XHTMLのサンプル-1</h3>
<p>XHTMLの簡単な例です。万葉集の歌を載せますね
</p>
```

```
<manyo:manyosyu volume="1">
   <manyo:poem>
       ・・・・省略・・・
   </ manyo:poem>
  <manyo:poem>
       ・・・・省略・・・
   </ manyo:poem>
  ・・・・・
</manyo:manyosyu>
```
→ namespaceがmanyoの部分

```
</body>
</html>
```

CSS

HTML部分
```
body {
display:block;
background-color:#CCCCCC;
}
    ・・・省略・・・
```

```
manyo¥:manyosyu {
            display:block;
            margin-top:5mm;
            margin-left:10mm;
            font-size:11pt;
            }
    ・・・省略・・
```
→ ¥をつける

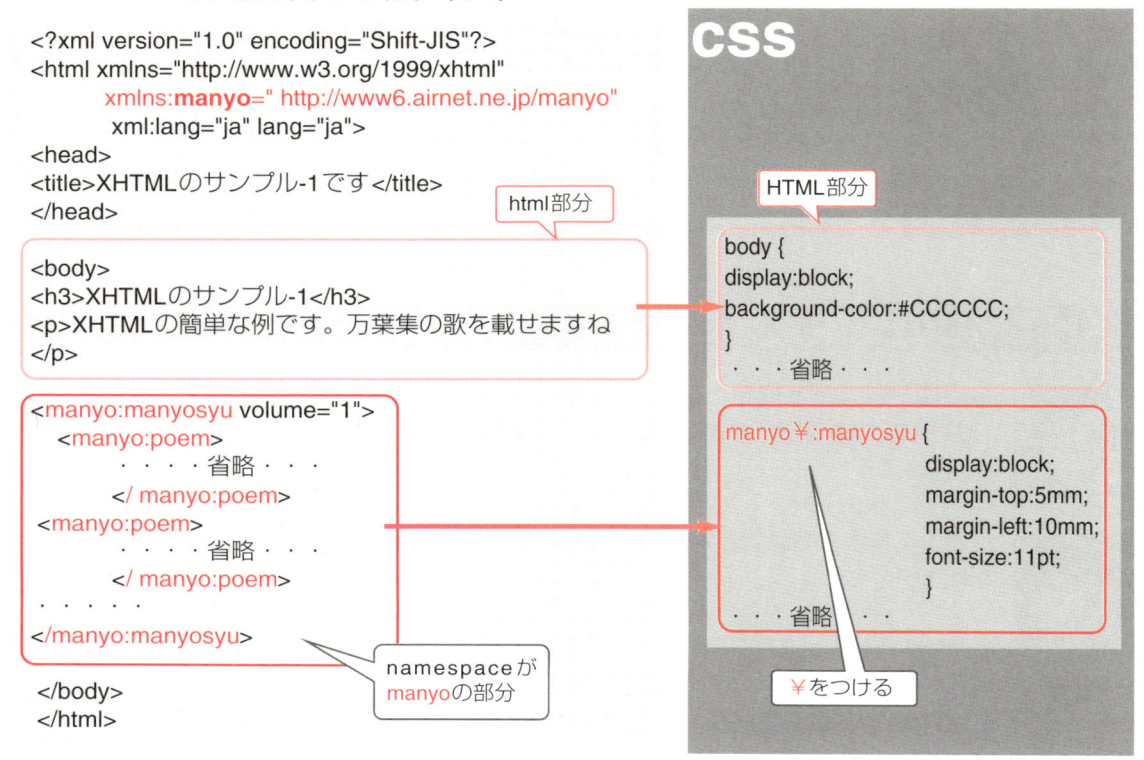

図9-11　XHTMLを表示するCSS（namespaceの指定）

あっ、manyo¥:manyosyuみたいに書くのね。
後は、CSSの本を引きながら書けばよいのね。

そうだね。じゃぁ、実際にやってみようね。まず、XHTMLテキストのサンプルのリストを載せるね。前回のサンプルと中身は一緒だよ。

◆XHTMLサンプルテキスト

```xml
<?xml version="1.0" encoding="Shift_JIS"?>
<?xml-stylesheet type="text/css" href="sample.css"?>
<html xmlns="http://www.w3.org/1999/xhtml"
   xmlns:manyo="http://www6.airnet.ne.jp/manyo"
   xml:lang="ja" lang="ja">
<head>
</head>

<body>

<h3>XHTMLのサンプル(CSSだけで表示)</h3>
<p>XHTMLの簡単な例です。万葉集の歌を載せますね。</p>

<manyo:book volume="1">
   <manyo:poem>
      <manyo:no>8</manyo:no>
      <manyo:original>熟田津尓 船乗世武登 月待者 潮毛可奈比沼 今者許藝乞菜
</manyo:original>
      <manyo:poet>額田王(ぬかたのおおきみ)</manyo:poet>
   <manyo:yomi>
熟田津(にきたつ)に、船(ふな)乗りせむと、月待てば、潮もかなひぬ、今は漕(こ)ぎ出(い)でな
   </manyo:yomi>
      <manyo:image>image/m0008.jpg</manyo:image>
      <manyo:mean>熟田津(にきたつ)で、船を出そうと月を待っていると、いよいよ潮の流れも良くなってきた。さあ、いまこそ船出するのです。
   </manyo:mean>
   </manyo:poem>
*** リストが長くなるので、歌のところは省略しますね。 (^ ^;

</manyo:volume>

</body>
</html>
```

9 XHTMLの基本構成

◆CSSサンプルテキスト

```css
/*          HTML部のスタイル指定です */
body    {
            display:block;
            background-color:#CCCCCC;

            }
h3  {
            display:block;
            text-align:center;
            font-size:14pt;
 }
p   {
            display:block;
            text-align:center;
            font-size:12pt;
            color:navy;
            }
/*          namespaceがmanyoの部分に適用したいスタイルです */
manyo¥:manyosyu {
            display:block;
            margin-top:5mm;
            margin-left:10mm;
            font-size:11pt;
            }
manyo¥:poem {
            display:block;
            }
manyo¥:pno {
            display:inline;
            font-weight:bold;
            }
/*          原文は強調しましょう      */
manyo¥:mkana {
            display:block;
            font-size:12pt;
            color:navy;
            font-weight:bold;
```

CSSだけでできること 9.8

```
                }
manyo¥:poet {
        display:block;
        font-size:12pt;
        font-style:italic;
        color:navy;
        }
/*      読みは一文字下げましょう         */
manyo¥:yomi {
        display:block;
        margin-left:11pt;
        color:navy;
        }
/*      イメージのURIは表示しないようにしましょう     */
manyo¥:image {
        display:none;
        }
/*      意味は一文字下げましょう         */
manyo¥:mean {
        display:block;
        margin-left:11pt;
        }
```

名前の指定が違っているだけで、スタイルの指定そのものは普通といっしょね。

じゃあ、このCSSテキストを"xhtml-sample4.css"というファイルにして、実際にどうなるか見てみようね。今回は、XHTMLテキストの2行目は<?xml-stylesheet type = "text/css" href = "xhtml-sample4.css">として、"xhtml-sample4.xml"というファイルを作成しているからね。

9 XHTMLの基本構成

万葉集第1巻抜粋のXHTMLファイル xhtml-sample4.xml（前述で説明したCSSを適用）

```
<?xml version="1.0" encoding="Shift_JIS"?>
<?xml-stylesheet type="text/css" href="xhtml-sample4.css"?>
<html xmlns="http://www.w3.org/1999/xhtml"
      xmlns:manyo="http://www6.airnet.ne.jp/manyo/"
      xml:lang="ja" lang="ja">
<head>
</head>

<body>

<h3>XHTMLのサンプル(CSSだけで表示)</h3>
<p>XHTMLの簡単な例です。万葉集の歌を載せますね。</p>

<manyo:manyosyu volume="1">
    <manyo:poem>
        <manyo:pno>8</manyo:pno>
        <manyo:mkana>熟田津尓 船乗世武登 月待者 潮毛可奈比沼 今者許藝乞菜</manyo:mkana>
        <manyo:poet>額田王(ぬかたのおおきみ)</manyo:poet>
        <manyo:yomi>
            熟田津(にきたつ)に、船(ふな)乗りせむと、月待てば、潮もかなひぬ、今は漕(こ)ぎ出(い)でな
        </manyo:yomi>
        <manyo:image>image/m0008.jpg</manyo:image>
        <manyo:mean>熟田津(にきたつ)で、船を出そうと月を待っていると、いよいよ潮の流れも良くなってきた。さあ、いまこそ船出するのです。
        </manyo:mean>
    </manyo:poem>

    <manyo:poem>
        <manyo:pno>20</manyo:pno>
        <manyo:mkana>茜草指 武良前野逝 標野行 野守者不見哉 君之袖布流</manyo:mkana>
        <manyo:poet>額田王(ぬかたのおおきみ)</manyo:poet>
        <manyo:yomi>
            茜(あかね)さす、紫野行き標野(しめの)行き、野守(のもり)は見ずや、君が袖振る
        </manyo:yomi>
        <manyo:image>image/m0020.jpg</manyo:image>
        <manyo:mean>(茜色の光に満ちている)紫野、天智天皇御領地の野で、あぁ、あなたはそんなに袖を振ってらして、野守が見るかもしれませんよ。
        </manyo:mean>
    </manyo:poem>
```

```xml
<manyo:poem>
    <manyo:pno>23</manyo:pno>
    <manyo:mkana>打麻乎 麻續王 白水郎有哉 射等篭荷四間乃 珠藻苅麻須</manyo:mkana>
    <manyo:poet>作者不明</manyo:poet>
    <manyo:yomi>
        打ち麻(そ)を、麻続(をみの)の王(おほきみ)、海人(あま)なれや、伊良虞(いらご)の島の、玉藻(たまも)刈ります
    </manyo:yomi>
    <manyo:image>image/m0023.jpg</manyo:image>
    <manyo:mean>麻続(をみの)の王(おほきみ)さまは海人(あま)なのでしょうか、(いいえ、そうではいらっしゃらないのに、)伊良虞の島の藻をとっていらっしゃる・・・・ </manyo:mean>
</manyo:poem>


<manyo:poem>
    <manyo:pno>24</manyo:pno>
    <manyo:mkana>空蝉之 命乎惜美 浪尓所濡 伊良虞能嶋之 玉藻苅食</manyo:mkana>
    <manyo:poet>作者不明</manyo:poet>
    <manyo:yomi>
        うつせみの、命を惜しみ、波に濡れ、伊良虞(いらご)の島の、玉藻(たまも)刈(か)り食(は)む
    </manyo:yomi>
    <manyo:image>image/m0024.jpg</manyo:image>
    <manyo:mean>命惜しさに、波に濡れながら、伊良虞(いらご)の島の藻をとって食べるのです・・・<br />
        麻続(をみの)の王(おほきみ)が伊良虞の島に流された時、島の人がこれを哀しんで詠んだ歌を聞いて詠んだ歌ということです。 </manyo:mean>
</manyo:poem>


<manyo:poem>
    <manyo:pno>28</manyo:pno>
    <manyo:mkana>春過而 夏来良之 白妙能 衣乾有 天之香来山</manyo:mkana>
    <manyo:poet>持統天皇(じとうてんのう)</manyo:poet>
    <manyo:yomi>
        春過ぎて 夏来たるらし 白妙(しろたえ)の 衣干したり 天(あめ)の香具山(かぐやま)
    </manyo:yomi>
    <manyo:image>image/m0028.jpg</manyo:image>
    <manyo:mean>春が過ぎて、夏が来たらしい。白妙(しろたえ)の衣が香久山(かぐやま)の方に見える。</manyo:mean>
</manyo:poem>


<manyo:poem>
    <manyo:pno>37</manyo:pno>
```

9 XHTMLの基本構成

```
        <manyo:mkana>雛見飽奴 吉野乃河之 常滑乃 絶事無久 復還見牟</manyo:mkana>
        <manyo:poet>柿本人麻呂(かきのもとのひとまろ)</manyo:poet>
        <manyo:yomi>
            見れど飽かぬ、吉野の川の、常滑(とこなめ)の、絶ゆることなく、またかへり見む
        </manyo:yomi>
        <manyo:image>image/m0037.jpg</manyo:image>
        <manyo:mean>何度見ても飽きることの無い吉野の川の常滑(とこなめ)のように、絶えること無く何度も何度
も見にきましょう。</manyo:mean>
    </manyo:poem>

</manyo:manyosyu>

</body>
</html>
```

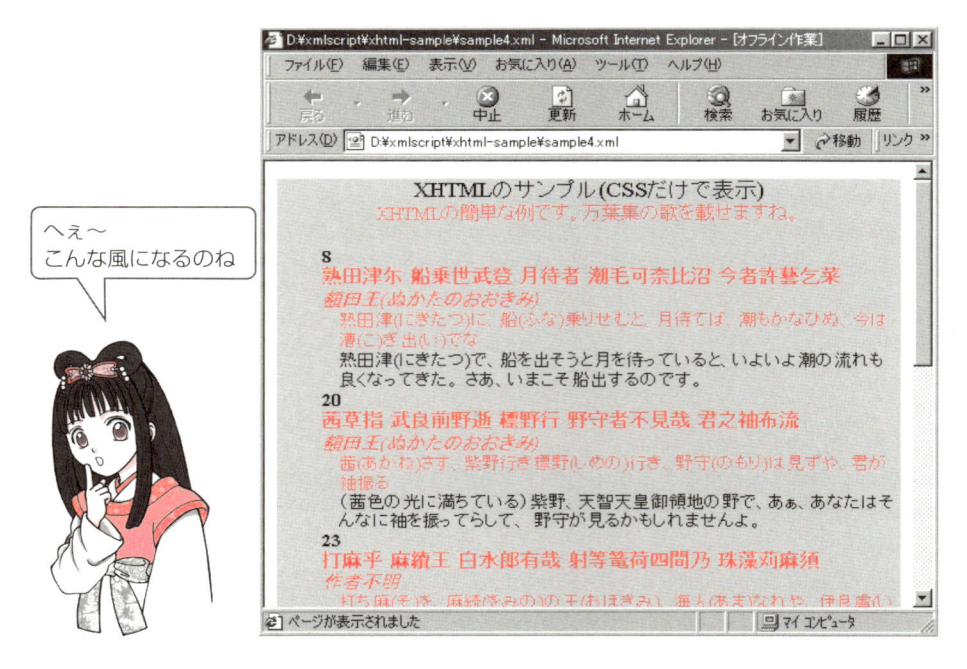

へぇ〜
こんな風になるのね

図9-12　xhtml-sample4.xmlの表示結果

CSSだけだと、こんな感じになるの？

9.8 CSSだけでできること

うん。CSSだけだと、全体のレイアウトやそれぞれのタグのテキストをどのように表示するか（文字の色や大きさなど）を決められるだけなんだ。XSLだと、テーブルやリストに変換したり、リンクを作ったり、いろいろなことができるんだけどね。

じゃあ、やっぱりきちんとした表示をしたいときには、XSLとCSSの両方を使うしかないのね。

そうだね。両方をうまく使うのがいいんだね。XML，XSL，CSSのバランスの取れた使い方が大切なんだ。それぞれのだいたいのことは理解できたから、あとはもう少し詳しい本などで勉強するといいよ。

うっ、うん…（でも、やっぱり私、これからもたけちに教えて欲しいわ）。

Part 10

XMLをさらに勉強される方に

10 XMLをさらに勉強される方に

Chapter 10.1 ドキュメント（文書）の表現形式

XMLをドキュメントの表現形式として使うのが、SGMLからの流れとしては分かりやすいですね。

XMLの応用

　ここでは、世の中で言われているXMLの応用について簡単に見てみます。なぜそれらの応用が可能なのかは、本書での学習を通じて感じ取っていただきたいと思います。まずここでは、XMLは、主に人が目にするドキュメント（文書）と主にコンピュータソフトウェアが処理するデータの両方をテキストとして表現することができることに着目してください。

ドキュメントの表現形式
- SGMLからの歴史的応用
- フォーマット統一
- マニュアル
- カタログ
- 行政申請書
- 医療カルテ

Webパブリッシングのデータベース、配布データ形式
- HTMLの限界への対応
- データとデザインの分離
- データの自動処理
- B2C、G2C
- one to one marketing

データベースのアクセス／アプリケーションインターフェイスなど
- データ表現としての利用
- XMLを利用したデータ交換
- データベース連携
- 設定情報ファイル等の記述
- B2B、EAI
- 基幹システム基盤

それぞれが関連しあっているのよね

図10-1　XMLの応用

　ひとつの応用としては、ドキュメント（文書）の表現形式として使うことが考えられます。これは、ドキュメントの作成・交換・管理といった従来の形態で、もともと構造化ドキュメントとしてのSGML利用の仕方を発展させたものとして考えることができます。この応用では、文書の統一的フォーマットの策定・文書の部品化・テンプレート化などが課題です。

　応用例としては、マニュアル・カタログ・行政申請書・医療カルテなどがあります。

Chapter 10.2 Web Publishingのデータソース・配布データの表現形式

XMLの応用として最も注目されているものの一つでしょう。マルチメディア配信にも期待が大きいようです。

コンテンツ配信用のデータソース・配布データ

これまでのHTMLドキュメントの発展形としてのWebドキュメントに使うことができます。HTMLだと、Webサーバに"xxxx.html"というファイルをおいておくことが主流です。

もちろん、これまでもPerlなどを使ってデータベースからのデータを元に動的にHTMLを生成することが行われています。XMLを使うと、複数のXMLドキュメントを情報の部品として作っておき、それらのXMLドキュメント部品群から動的にXMLもしくはHTML（ときにはHDML、C-HTML、XHTML Basicなど）ドキュメントを生成することができます。

RDBのようなデータベース中のデータと、HTMLのようなデータとの差は大きく、これをソフトウェアで埋めるのは容易なことではありません。どちらかというと、ドキュメントの雛型にデータを流し込むといったやり方になりがちです（それでも十分なことも多いのですが…）。従来のそれに比較して、XMLドキュメント部品からXMLやHTMLドキュメントを動的に生成すること自体は、ずっと簡単になります。

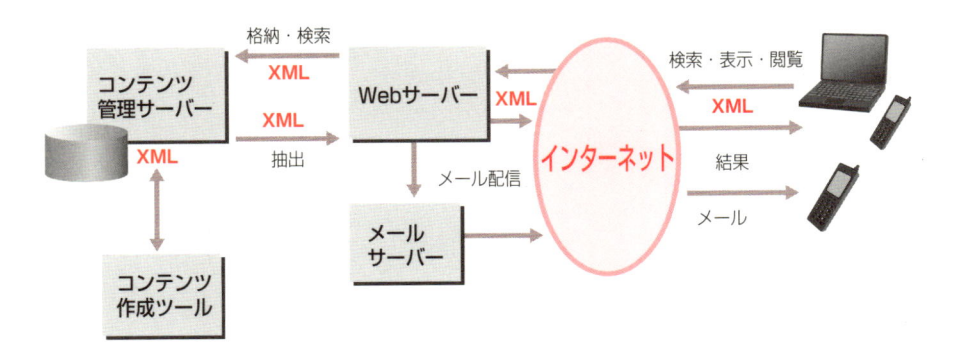

図10-2　XMLを活用したWeb publishing

10 XMLをさらに勉強される方に

　応用例としては、個別情報配信への応用があります。より具体的には、これまでの一律の情報提供から、顧客ごとの特性・ニーズに合った情報内容・および情報形態の動的選択をし、個別の顧客が必要としている情報の提供をする、というものです。

　サーバー側でデータベースから動的にドキュメント(XML、XHTML、HTML)を生成して、クライアント側でXHTML、XMLの表示を変更する、といったことが代表的な例です。

　最近の例としては、配信先としてパソコンの(Internet Explorerなどの)Webブラウザだけでなく、各種の携帯電話への配信も行われています。それぞれが異なったドキュメントの形式をしているので、XMLを元にして配信先ごとに動的にドキュメントを生成するのは、まさにXMLならではと考えられます。

10.3 アプリケーション連携用のインターフェイス

Chapter 10.3 アプリケーション連携用のインターフェイス

XMLは、CSVやHTMLによるデータ交換（アプリケーションインターフェイス）の問題点を解決してくれます。

インターネットを介したアプリケーション間の連携をするためのインターフェイスやデータ交換形式への応用です。B2B（Business to Business）、EAI（Enterprise Application Integration）、ERP（Enterprise Resource Planning）などのキーワードをどこかで目にされたことがあると思いますが、それらでのXMLの適用例があります。

既存システムを捨てて統合システムをつくるのではなく、既存システムや企業ごとの独自のシステムをXMLで定義した共通インターフェイスとしてのデータを通じてシステムを統合してゆこうとする考え方ですね。

XMLの応用規格

B2B（Business to Business）に関係したXMLの応用規格には次のようなものがあります。

BizTalk	http://www.biztalk.org
RosettaNet	http://www.rosettanet.org
ebXML	http://www.ebxml.org

業務システム
生産管理
在庫管理
部品調達
製品情報交換
取引情報交換
マーケティング
…

他形式 ↔ XML   XML ↔ 他形式

XML応用規格
BizTalk: http://www.biztalk.org
TosettaNet: http://www.rosettanet.org
ebXML: http://www.ebxml.org

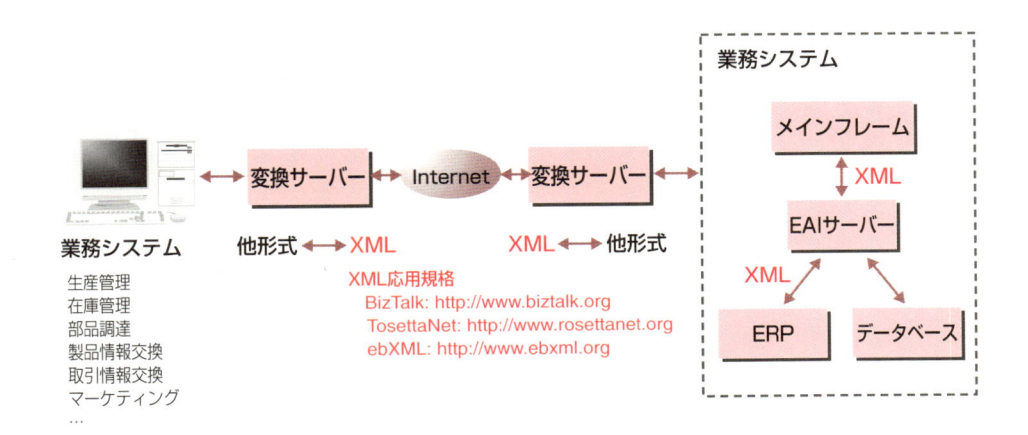

業務システム
メインフレーム ↕ XML
EAIサーバー
XML
ERP   データベース

変換サーバー ↔ Internet ↔ 変換サーバー

図10-3　アプリケーション間連携用のインターフェイスとしての応用

10 XMLをさらに勉強される方に

TIPS　CSVとXML

アプリケーション間のインターフェイスとしては従来、よく知られている形式にCSV（Comma Separated Value）の方式があります。かなり以前からデータ交換の簡単な方式として使われてきました。しかし、CSVは、単にカンマでデータを区切って順番に並べているだけなので、データ順序の変更や追加／削除に弱いという欠点があります。それに引き換え、XMLでは、それぞれの情報がタグで示されるので、簡単に交換データを表現できる上にCSVの欠点を補うことができるので、今後ますますXMLがCSVの代わりとして使われるでしょう。もちろん何でもかんでもXMLにする必要はありませんね。

CSV

情報の変更に弱い

"書籍","たのしいXML","￥1,800","2001.4.1"

わかりにくいわね

XML

構造を表現できる
属性を表現できる

```
<商品 種別="書籍">
    <名称>たのしいXML</名称>
    <価格>￥1,800</価格>
    <発行年月日>2001.4.1</発行年月日>
</商品>
```

図10-4　CSVとXML

Chapter 10.4 データベースへのアクセス形式

データベースへの問い合わせ等をXMLインターフェイスで行い、データベースの検索結果をXML形式で保持し、他のデータベースとのインターフェイスに活用したり、Webドキュメントへ活用したりすることが考えられます。

RDBアクセスのインターフェイスとしての利用

　図に示すように、データベースの検索結果をXMLテキストに変換して、そのXMLテキストを別のXMLに変換したり、本書で紹介したようにHTMLに変換してブラウザで表示することができます。

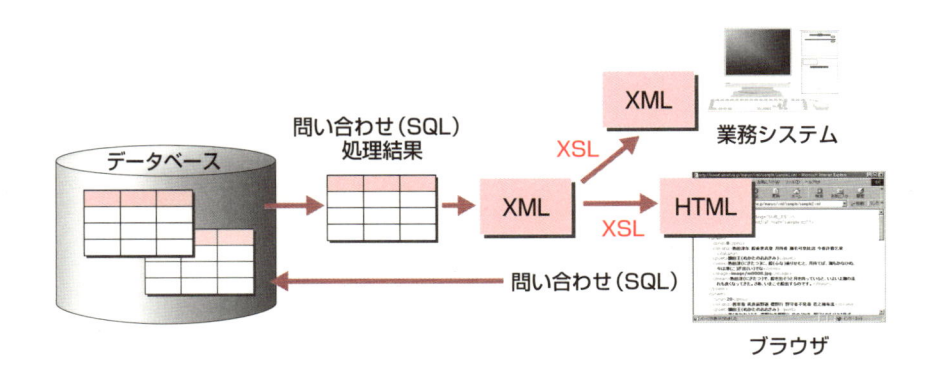

図10-5　データベースのアクセス形式としての応用

10 XMLをさらに勉強される方に

Chapter 10.5 サーバーサイドのXML処理と最低限必要な知識

本書ではクライアントサイドでのXMLの取り扱いを中心に学習しましたが、サーバーサイドではもっと色々なことができますね。

クライアントとサーバー間におけるXMLの適用

XMLの色々な応用が考えられていて、それらをすべて細かく把握することは困難ですが、基本として次のことをまずは押さえておけばよいかと思います。

本書では、クライアントサイドの処理だけを紹介しましたが、実際の業務システム構築では、Java Servletに代表されるサーバーサイドの処理が必要です。クライアントとサーバーの関連とXMLの適用についての概略を図に示します。

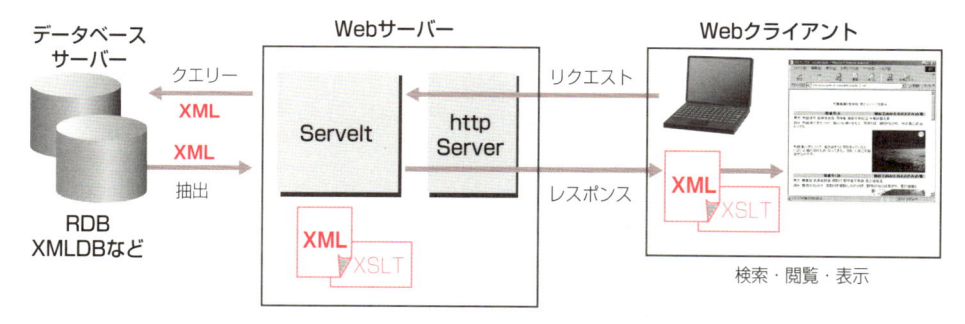

図10-6　クライアントとサーバーの関連とXMLの適用

XMLのプログラムによる処理には、操作インターフェイスとしてのDOM、SAXを学習しておくことが必要です。また、それらのインターフェイスはJava用が一般的です。

サーバーサイドのデータベース処理

最新のデータに即したWebコンテンツの生成には必須の処理です。データベースとのインターフェイスについてスタディしておくことが必要です。

サーバーサイドのXML+XSLTによるダイナミックなWebコンテンツの生成

これには、顧客ごとに対応したコンテンツの生成や、携帯端末などに対応したコンテンツの生成なども考えられます。

10 XMLをさらに勉強される方に

Chapter 10.6 その他の応用

皆様ご自身でXMLの応用を考えられると、きっとたのしいXMLアプリケーションができますよ。

その他の応用として、ソフトウェア用の設定情報ファイルやログファイルの記述なども考えられます。また、マルチメディアの属性情報の表現にXMLが利用されます。詳細については省略させていただきます。それ以外の応用については色々とみなさまご自身で見つけていただければ幸いです。

補足1

SGMLでも上記のような応用がまったくできないわけではありません。しかし、実質的にXMLがもてはやされつつあるのは、現在のような高性能のコンピュータを手にすることができたことが大きな理由の一つだと思います。10年前には、いちいちSGMLをパースしているような仕組みでは、性能が思ったように出なかったでしょう。

また、Webとの相性が良いということが、XMLがもてはやされるもう一つの大きな理由なのは言うまでも無いですね。

クライアントXML処理については、比較的簡単に自分自身で体験することができます。

ですから、本書ではWebドキュメントをXMLで作成して、Internet Explorer 5.xを使っていろいろな表示を試しています。

補足2：Internet Explorer 6.0ベータ版をお使いの場合

Internet Explorer 6.0ベータ版をお使いの場合は、ここで説明している個別のmsxml3のインストールは不要です。Internet Explorer 6.0ベータ版をインストールされたい方は次のサイトからダウンロードしてください。なお、ベータ版ですのでご利用にはご注意ください。

http://www.microsoft.com/products/windows/ie_intl/ja/download/preview/ie6/ie6preview.htm

これで、本書は卒業です。いまは非常に多くのXMLに関する専門書が出版されていますので、それらをご参考にXMLに関する知識・技術を深めて行かれることを希望します。

Chapter 10.7 XML関連標準

XMLに関連する標準は実に多くあります。また色々なXML応用標準が次々に検討されています。

XMLに関する標準化策定

ここではXML関連標準を紹介しておきましょう。これが全てではなく、実にさまざまな活動がそれぞれの業界やビジネス・技術分野でXMLに関する標準化策定が行われています。また、それらは、未確定の項目が多いのが現状ですが、確実にXML応用が進んでいくこと考えられます。

アプリケーション統合フレームワーク

- アプリケーション
- DOM (Document Object Model)
- 応用標準
- 基本標準

- BizTalk (Microsoft) APL間連携（XML messaging）
- OAG (Open Application Group) APL間連携（XML messaging）

応用標準：
- XHTML1.0 — XTML4.0対応仕様
- G-XML — 地理情報
- MathML — 数式
- DocBook — 技術文書
- CML — 化学式
- BML — 衛星デジタル放送
- CBL — 企業間電子商取引
- FpML — 金融商品取引
- MML — 電子カルテ
- P3P — 個人情報
- REML — 不動産情報
- RWML — 道路情報
- SMIL — マルチメディア
- SVG — ベクター図形

基本標準：
- XML1.0 — 文法
- Namespace — 複数のXML定義を混在させる仕様
- XSLT / XPath — XMLデータをTransform
- XML Schema — DTD拡張（データ型の導入）
- XSL — ドキュメントスタイル仕様
- Xlink, Xpointer — ハイパー・リンク
- XQL — クエリー
- DOM — アプリケーションインターフェイス
- RDF — メタデータ定義

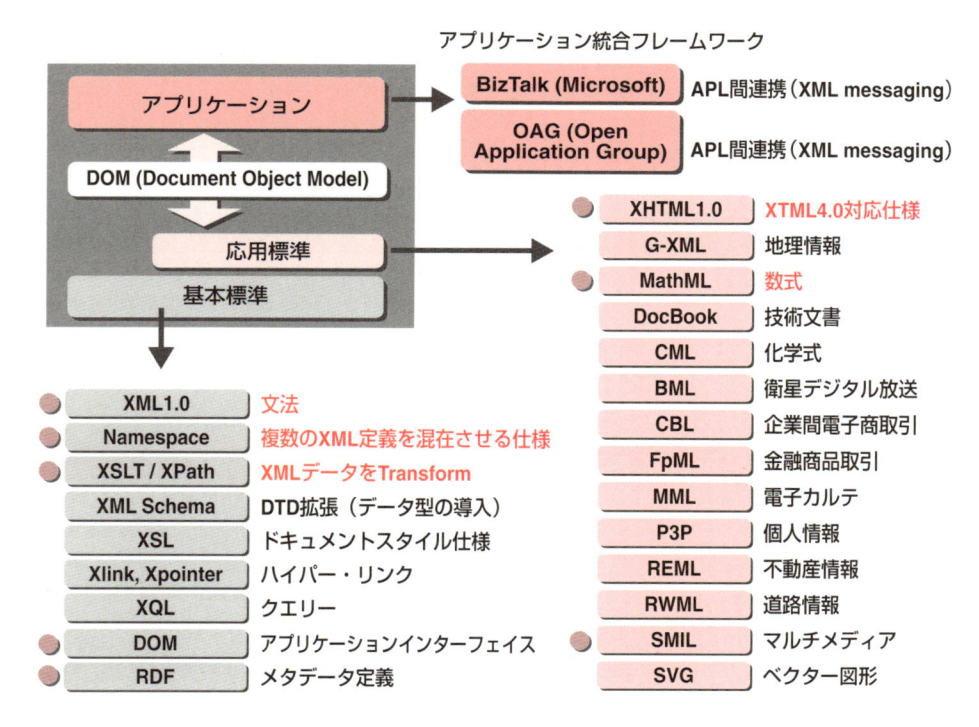

図10-7　主なXML関連標準:基本標準と応用標準

次に、主な標準についてリストしておきます。

10 XMLをさらに勉強される方に

namespace（ネームスペース）：http://www.w3.org/TR/REC-xml-names/
複数のXMLによる構造（タグや属性）を混在させて使用するための仕様です。
1999年1月14日勧告となっています。

DOM（ドム）：http://www.w3.org/TR/REC-DOM-Level-1/
Document Object Modelの略。XMLテキストをツリー構造で表現するモデルで、そのツリー構造を読み出したり、生成したりするためのプログラムインターフェイスです。1998年10月1日にDOM Level-1が勧告となっています。また、2000年11月13日にDOM Level-2（追加仕様）が勧告となっており、DOM Level-3（追加仕様）が検討されています。

XSLT（エックス・エス・エルティー）：http://www.w3.org/TR/xslt/
もともとXSLの一部だったものが、XMLテキストを変換（Transform:トランスフォーム）するための仕様として独立しました。1999年11月16日にXSLT 1.0が勧告となっています。

XLink/XPointer（エックスリンク/エックスポインター）：http://www.w3.org/XML/Linking
XMLテキストのリンクのための仕様です。HTMLで利用されていた一方向のリンクだけでなく、双方向のリンクや複数のリンク先などが可能となっています。XPointerは、リンク先の指定方法についての仕様で、XPathという仕様を含んでいます。1999年11月16日にXPath 1.0が勧告となっています。2000年6月7日にXPointerが勧告候補となっています。

XML Schema（エックスエムエル・スキーマ）：http://www.w3.org/TR/xmlschema-1/
　　　　　　　　　　　　　　　　　　　　　　　　　http://www.w3.org/TR/xmlschema-2/
SGMLから使用されてきたDTDでは、データの型が#PCDATAしかないのでデータ処理やアプリケーション間インターフェイスに利用しにくいといったいくつかの不都合があります。XML SchemaはDTDに代わる仕様としてW3Cで策定されています。2001年3月20日に勧告案となっています。

TIPS　W3Cにおける標準化プロセス

W3C（World Wide Web Consortium）では、XMLに関する標準を検討・策定しています。以下に、W3Cで策定される標準化作業の状態を表すキーワードを載せておきます。

Note	標準化のための検討資料
WD (Working Draft)	標準化作業中の草案で、これをもとにいろいろな議論がされます
CR (Candidate Recommendation)	標準としての勧告の候補となったもの
PR (Proposed Recommendation)	勧告案
REC (Recommendation)	正式勧告

なお、CR（Candidate Recommendation）直前のWD（Working Draft）は、"Last Call"といわれます。

Part11

付　録

11 付録

Chapter 11.1 XML関連用語

本文では説明できなかったXML関連の主な用語を集めてみました。参考にしてみてください。

A

API（エーピーアイ）

Application Program Interfaceの略です。XMLを利用したアプリケーションの開発をする時に利用できるものとしては、SAXやDOMなどがあります。

B

B2B（ビーツービー）

Business To Businessの略で、インターネットを利用した企業間電子商取引のことです。
企業間取引におけるXMLによる情報の交換に期待が高まりつつあります。

B2C（ビーツーシー）

Business To Consumerの略で、企業と消費者との商取引のことです。

C

C-HTML（シー・エイチティーエムエル）

Compact HTMLの略で、W3Cが制定したモバイル用HTMLです。DoCoMoのi-modeで使用されていることで有名ですね。詳しい仕様は次のURLを参照してください。

http://www.w3.org/TR/1998/NOTE-compactHTML-19980209/

CSS（シーエスエス）

Cascading Style Sheetsの略です。もともとHTMLの要素をどのように表示するかを指定します。現在は、CSS1とCSS2の勧告があります。

D

DOM（ドム）

Document Object Modelの略です。XMLテキストをツリー構造で表現するモデルで、そのツリー構造を読み出したり、生成したりするためのプログラムインターフェイスです。Java言語でのインターフェイスがあります。もともとは、HTMLのテキスト構造を処理するために作られたモデルです。
1998年10月1日にDOM Level-1が勧告となっています。また、2000年11月13日にDOM Level-2（追加仕様）が勧告となっており、DOM Level-3（追加仕様）が検討されています。

DTD（ディーティーディ）

Document Type Definitionの略です。XMLテキストの構造（各要素の関係）を定義します。
DTDは元々はSGML文書の構造を示すのに使われ、XMLでも適用されていますが、いろいろな不都合（データの型が#PCDATAしかないのでデータ処理やアプリケーション間インターフェイスに利用しにくいなど）があることから、Scheme（スキーマ）として新たに検討されています。このSchemeは、非常に複雑でその制定にまだ時間がかかりそうですが、2000年10月24日に勧告候補となっています。

E

EAI（イーエイアイ）

Enterprise Application Integrationの略です。企業レベルでの情報システムを構築するのに、各部門で使用されている既存のアプリケーションやシステムを統合するための技術をいいます。
実際の製品としては、異種システムをメッセージのやり取りによって連携・統合するツールやミドルウェア商品が大手ベンダーから提供されています。

XML関連用語 11.1

Entity（エンティティ）

要素の一部となる文字列やXMLテキストから参照される外部ファイルなどをいいます。「実体」ともいいます。

ERP（イーアールピー）

Enterprise Resource Planningの略。生産管理・在庫管理・購買・財務などの企業の基幹業務を統合的にサポートするアプリケーション・ソフトウェア・パッケージのことです。
これまで、こうしたソフトウェアは企業が独自に開発してきましたが、その開発・メンテナンスコストや環境変化に追随しにくいことなどからERPパッケージの導入をする企業も出てきています。
ただ、これらのパッケージは欧米のものがほとんどで、日本のやり方に合わないという批判もあります。

H

HDML（エイチディーエムエル）

Handheld Markup Languageの略です。DDI、Tu-KaのEZwebで使用されています。

J

Java VM（ジャバ・ブイエム）

Java Virtual Machineの略です。Java言語で作成したプログラムを実行する環境のことです。ワークステーション、パソコンだけでなく、最新の携帯電話にもこのJava VMが搭載されているので、Javaで開発したソフトウェアはいろいろなところで動作させることが可能になっています。

M

MathML（マス・エムエル）

Mathematical Markup Languageの略です。数式をXMLで表現するための言語仕様です。
MathML Version 1.0は、1998年にW3Cの勧告となっていますが、関連の仕様の改訂などがあったので、それに対応するためにVersion 2.0が検討され、2001年1月8日に勧告提案となりました。

MIME（マイム）

Multipurpose Internet Mail Extensionsの略です。MIMEは、情報を交換するために必要ないろいろな種類のリソース（テキストやイメージなどコンピュータソフトで扱う情報のこと）を表すために決められた国際規格で、電子メールの拡張仕様です。
XMLやHTMLテキストでは、<meta>タグや<link>タグなどに登場します。ブラウザは、このMIMEタイプに基づいてドキュメントを解釈して表示します。
MIMEタイプは、リソースの種類を表すメディアタイプというものと、具体的な型を表すサブタイプというものを／（スラッシュ）でつないで表現します。よく使われるMIMEタイプをリストしておきます。

MIMEタイプ	リソース
text/plain	txt
text/html	html
text/xml	xml
text/css	css
image/gif	gif

MML

Mobile Markup Languageの略です。JPhoneのJsky-webで使用されています。

N

namespace（ネームスペース）
http://www.w3.org/TR/REC-xml-names/

複数のXMLによる構造（タグや属性）を混在させて使用するための仕様です。
1999年1月14日勧告となっています。

P

P3P（ピー・スリー・ピー） http://www.w3.org/P3

Platform for Privacy Preferencesの略です。個人情報の取り扱いのための規格です。

PICS（ピックス） http://www.w3.org/PICS

Platform for Internet Content Selectionの略です。サイトコンテンツ規制（サイトの評価、サイトのフィルタリングなど）に関しての規格です。
元々は、親や教師のために、子供たちがどのサイトにアクセスしたらよいかを支援する目的で始められました。

11 付録

R

RELAX（リラックス）
DTDの問題点とXML Schemaの複雑さを解消できる簡潔なXMLスキーマ言語です。
DTDと異なり、XMLドキュメントとして記述できます。
　http://www.xml.gr.jp/relax/

RosettaNet（ロゼッタネット） http://www.rosettanet.org/
電子部品や電子機器のB2Bを標準化するために作られた組織です。
　ロゼッタネットジャパン http://www.rosettanet.gr.jp/

RDF（アール・ディー・エフ） http://www.w3.org/RDF/
Resource Description Frameworkの略です。ネットワーク上の資源（URIで表わされます）についての情報をXMLで記述する方法を規定しています。
例えば、サイトマップやサイトの評価、著作権に関することなどをRDFに基づいて記述できます。P3PやPICS 2.0はこのRDFがベースとなっています。

S

SAX（サックス）
Simple API for XMLの略です。XMLテキストを先頭から順順に最後まで処理するのに適したAPIです。
各社から提供されているSAXはほとんどがJavaで開発されています。XMLテキスト内の検索などの場合に使ってみるといいかもしれません。

Schema（スキーマ）
一般的にSchema（スキーマ）は、ある情報の構造を理解するための定義を言うようですが、XMLに関するスキーマは、XMLテキストの構造（タグの構成）を表すためのものです。
実際にはDTDと同じような働きをしますが、DTDでは不都合だったいくつかの点を解消するものです。

SMIL（スマイル）
Synchronized Multimedia Integration Languageの略です。マルチメディアのレイアウトや時間的な動作を表現（例えば、音楽と映像を同期させるなど）するためのXMLベースの言語仕様です。
SMIL 1.0が1998年6月15日にW3Cの勧告となっています。

SOAP（ソープ）
Simple Object Access Protocolの略です。ネットワーク経由でXMLテキストをHTTPなどでやり取りすることでオブジェクト間の通信を行うものです。
DevelopMentor、IBM、Lotus Development、Microsoft、UserLand Softwareの各社が共同で策定し、W3Cに提案しました。

SVG（エスブイジー）
Scalable Vector Graphicsの略です。XMLで図形を表現するために考えられました。

U

UDDI（ユーディーディーアイ）
Universal Description, Discovery and Integration (UDDI) の略です。

URI（ユーアールアイ）
Uniform Resource Identifiersの略です。インターネットでのホームページやファイルなどを示すとともに、本のISBNコードなどのインターネット以外に存在するものを表すことができる点がURLと違うところです。

URL（ユーアールエル）
Uniform Resource Locatorの略です。インターネットでのホームページやファイルなどのありかを示す表記の仕方のことです。
　アクセス手段://ホスト名:ポート番号/ホスト内のありか
私たちがよく知っているアクセス手段にはhttpがありますね。httpの場合、ポート番号は80がよく使われます。URLの例を載せておきます。
　http://www6.airnet.ne.jp/manyo/index.html

UTF-16（ユーティエフ・じゅうろく）
UTFはUnicode Text Formatの略で、UTF-16はUnicodeのテキストを入出力する時に用いるフォーマットのひとつで、すべて2バイトのコードになることが特徴です。

XML関連用語 11.1

UTF-8（ユーティエフ・はち）

UTFはUnicode Text Formatの略で、UTF-8はUnicodeのテキストを入出力する時に用いるフォーマットのひとつです。ASCIIコードについては、まったく同じ1バイトのコードになることが特徴です。
ですから、英語で表現されるXMlテキストのコードには、このUTF-8が向いています。

V

VoiceXML（ボイス・エックスエムエル）

対話型音声応答システムなどへの応用を目的に作られたXMLベースの標準です。Voice eXtensible Markup Language（VoiceXML）version 1.0が2000年5月5日にNotes（技術ノート）として発行されました。

http://www.w3.org/TR/voicexml/

W

W3C（ダブリュ・さん・シー） http://www.w3c.org/

World Wide Web Consortiumの略。インターネット関連の標準を策定しているところです。XMLに関する標準はこの組織で検討・策定されています。

WML（ダブリュエムエル）

Wireless Markup Languageの略です。XMLをベースにした携帯機器用の言語です。

WWW（ダブリュダブリュダブリュ）

World Wide Webの略。世界規模（World Wide）でクモの巣（Web）のようにネットワークを張り巡らすことから来ています。いまでは、インターネットで情報流通をさせるしくみのことも指すようです。

X

XHTML Basic

携帯端末などのモバイル用に作られたXHTMLベースの仕様です。2000年12月21日にW3Cの勧告となりました。

XLink/XPointer（エックスリンク/エックスポインター）
http://www.w3.org/WD-xlink, http://www.w3.org/WD-xptr/

XMLテキストのリンクのための仕様です。HTMLで利用されていた一方向のリンクだけでなく、双方向のリンクや複数のリンク先などが可能となっています。XPointerは、リンク先の指定方法についての仕様で、XPathという仕様を含んでいます。
1999年11月16日にXPath 1.0が勧告となっています。

XML Processor（エックスエムエル・プロセッサ）

XMLテキストを読み込んでその構造・属性などがどうなっているかを解析して、その情報を何らかのXMLアプリケーションに渡す機能を持ったソフトウェアをいいます。情報を渡すインターフェイスはDOMやSAXなどで定義されています。

か

空要素（からようそ）

内容の無い要素のことです。言い換えれば、開始タグと終了タグの間にテキストが無い要素のことです。HTMLで代表的な空要素には、brやhrがあります。
次に空要素の書き方の例を載せておきます。タグの終わりに/>を記述します。

<hr size="4" color="silver" width="480" />

また、開始タグの直後に終了タグを記述する方法もあります。

コメント

XMLテキストの中にコメントを書くことができます。<!--と-->で囲んだところにコメントを書きます。
例を示します。

<歌 歌番号="009">
<!--この歌の前半の読みは確定していません。-->
莫囂円隣之大相七兄爪謁気我が背子がい立たせりけむ厳橿が本
</歌>

さ

実体参照（じったいさんしょう）

XMLテキスト内で、ある特定の文字を表すのに使います。例えば、<や>は要素をあらわすものとして使われますので、文字として<や>を示すのに特別な書き方をします。
具体的には、&（アンパサンド）ではじまり、;（セミコロン）で終わります。XMLであらかじめ定義されている実体参照を示します。

11 付録

実体参照 -- 参照文字
&-- &（アンパサンド）
< -- <（小なり）
> -- >（大なり）
" -- "（クォーテーション）
' -- '（アポストロフィー）

整形式（せいけいしき）

XMLの構文に合致しているXMLテキストは、整形式（せいけいしき：Well-formed）なXMLテキストと呼ばれます。整形式なXMLテキストであれば、DTDが無くてもXMLプロセッサで処理が可能です。

属性（ぞくせい）

XMLテキストの要素（タグで表される情報単位）の特徴的な情報を表すために使われます。

た

妥当（だとう）

指定されたDTDに合致しているXMLテキストは、妥当（だとう：Valid）なXMLテキストと呼ばれます。

な

日本XMLユーザーグループ　http://www.xml.gr.jp/

日本におけるXMLの普及発展を手助けするために発足した団体です。XMLに関するさまざまな情報があります。XMLユーザーメーリングリストがありますので、いろいろな相談に利用されると良いでしょう。

は

ハイパーテキスト（hypertext）

お互いに参照できるようにしたテキストのこと。HTMLの場合にはテキストに<a href="リンク先のURL">タグを付けて、テキストとテキストの間にリンクを張るようにします。

ま

文字参照（もじさんしょう）

XMLテキスト内で文字を表現する方法のひとつです。実体参照に似ていますが、Unicode（ユニコード：ISO/IEC-10646）で規定された文字を参照するものです。Unicodeの文字を16進数で表す方法と10進数で表す方法とがあります。次に例を示します。

あ：16進数でUnicodeの「あ」を参照
あ：10進数でUnicodeの「あ」を参照

なお、この表現方法は、XMLテキストをShift-JISで書いたときも有効です。

や

要素（ようそ）

XMLテキストで、何らかのタグで表される情報の単位です。要素には、テキストなどの内容を持つ要素と、内容を持たない空要素があります。

予約属性（よやくぞくせい）

XML 1.0では以下の二つが予約属性として定義されています。
　xml:lang：要素の内容がどの言語でかかれているかを示す
　xml:space：要素の前や要素中の空白文字（半角スペース・タブ・改行・復帰）をどう扱うかを示す

ら

ルート要素（ルートようそ）

XMLテキストにおいて構造上最上位の要素をルート要素といいます。ルート要素は、XMLテキストで一つだけ必要です。
次の例の場合には、「万葉集」がルート要素です。

<?xml version="1.0" encoding="Shift_JIS"?>
<?xml-stylesheet type="text/xsl" href="basic1.xsl"?>
<万葉集>
　<歌 歌番号="8">
　熟田津に船乗りせむと月待てば潮もかなひぬ今は漕ぎ出でな
　</歌>
　<歌 歌番号="15">
　海神の豊旗雲に入日さし今夜の月夜さやけくありこそ
　</歌>
</万葉集>

ちなみに、XHTMLはルート要素がHTMLのXMLテキストです。

Chapter 11.2 参考文献

XML関連の本だけでなく、万葉集の参考図書も載せました。

◆XML関連

「標準XML完全解説(上)」　株式会社ユニテック（中山幹敏＋奥井康弘）編著・2001年4月（技術評論社）

「ビギニングXHTML」　Frank Boumphreyほか著／株式会社サン・フレア訳・2001年4月（インプレス）

「今日から使えるXMLサンプル集」　山田祥寛著・2001年4月（秀和システム）

「XML on SQL Server 2000」　佐藤親一著・2001年3月（オーム社）

「XMLバイブル」　Elliotte Rusty Harold著／藤本叔子訳・2001年2月（日経BP社）

「XMLハンドブック」　渡辺竜生著・2001年1月（ソフトバンクパブリッシング）

「ユニバーサル HTML/XHTML」　神崎正英著・2000年11月（毎日コミュニケーションズ）

「Essential XML」　Don Box/Aaron Skonnard/Jhon Lam著,古山一夫監訳・2001年1月（翔泳社）

「XMLちょ〜入門」　丸の内とら著・2001年2月（広文社）

「図解 そこが知りたい！ XMLがビジネスを変える！」　岡部惠造著・2000年9月（翔泳社）

「XML PRESS VOL.2」　2000年12月（技術評論社）

「これから始める人のXMLガイド」　丸山則夫／薬師寺国安／薬師寺聖／真島馨／松山貴之／森側真一著・2001年1月（日経BP社）

「XMLMagazine」　2000年7月（翔泳社）

「XMLMagazine 02」　2000年10月（翔泳社）

「XMLMagazine 03」　2001年1月（翔泳社）

「XMLMagazine 04」　2001年4月（翔泳社）

「XML+XSLによるWebサイトの構築と活用」　PROJECT KySS／宮坂雅輝著・2000年7月（ソフトバンクパブリッシング）

「ステップバイステップで学ぶXML実践講座」　Michael J. Young著、日本ユニテック翻訳・2000年11月（日経BPソフトプレス）

「XMLとJavaによるWebアプリケーション開発」　丸山宏／田村建人／浦本直彦著、訳・1999年10月（ピアソン・エデュケーション）

「XMLデスクトップリファレンス」　Robert Eckstein著、川俣晶監訳／木田直子訳・2000年3月（オライリー・ジャパン）

「XML入門」　村田真編著・1998年1月（日本経済新聞社）

「はじめてのSGML」　日本ユニテックSGMLサロン編著・平成7年11月（技術評論社）

11 付録

◆**万葉集関連**

「古典日本文学全集2 万葉集（上）」　村木清一郎訳・昭和34年9月（筑摩書房）

「校本萬葉集別冊一」　広瀬捨三ほか編・1994年（岩波書店）

「日本古典文学体系 万葉集一」　高木市之助／五味智英／大野晋校注（岩波書店）

「イラスト古典 万葉集」　画：里中満智子／文：米川千嘉子・1990年11月（学習研究社）

「持統天皇」　直木孝次郎著・平成6年5月（吉川弘文館）

索引

記号

#IMPLIED …………………………………………… 62
#REQUIRED …………………………………………… 62
／（スラッシュ） ………………………………… 170
＠（アットマーク） …………………………… 146、172

A

ascending ………………………………………… 138
ATTLIST …………………………………………… 61
attribute ………………………………………… 116
<a>タグのhref属性 …………………………… 145

B

B2B ………………………………………… 219、228
BizTalk …………………………………………… 219
button …………………………………………… 159

C

CDATA …………………………………………… 62
CDATAセクション ……………………………… 196
class ……………………………………………… 70
CSS ………………………… 68、88、187、205、228
CSV ……………………………………………… 220

D

descending …………………………………… 138、140
DOCTYPE ……………………………… 65、179、180
DOM …………………………………………… 222、228
DTD ……………………………… 56、65、73、180、228

E

EAI ……………………………………………… 219、228
ebXML ………………………………………………… 219
ELEMENT ……………………………………………… 57
encoding ……………………………………………… 74
ERP ……………………………………………… 219、229

F

form …………………………………………………… 159
format ………………………………………………… 152

H

head …………………………………………………… 181
HTML …………………………………………………… 12
.html ………………………………………………… 181
HTMLとCSSとの関係 ………………………………… 69
HTMLのタグ …………………………………………… 24
HyperText（ハイパーテキスト） … 13、18、232

I

ID ……………………………………………………… 62
<img>タグ ……………………………………… 115、116
Internet Explorer 5.x …………………………… 84
Internet Explorer 6.0 …………………………… 224
Internet Explorerで表示 ………………………… 88

236

J

JavaScript ··· 158

M

match ·· 171
meta ·· 181
msxml ··································· 89、90、109
msxml2 ··· 90、92
msxml3 ······································ 90、92、94
msxml3のダウンロード ························· 94

N

namespace ···················· 190、191、205、229
namespace（名前空間）に対応したXSLの指定の仕方
·· 197
node ··· 186

O

order ·· 140

P

position() ·· 152

R

RosettaNet ······································ 219、230

S

SAX ································· 222、230
SGML ·················· 13、36、37
Shift-JIS ······················· 139

T

table ··· 114

U

URI ·· 195
URL ·································· 191、230

V

value ·· 152
version ··· 74

W

W3C ································· 226、231
Web publishing ··························· 217

X

XHTML ································· 15、178
XHTML 1.0 ································· 17
XHTML 1.1 ································· 17
XHTMLBasic ······························· 17
XHTMLにするときの基本的な注意事項 ········ 195
XHTMLの基本形 ························· 178
XHTMLの発展 ·································· 17
.xml ·· 181
XML/XHTMLテキストの要素にCSSを適用 ···205
Xmlinst ··· 95
XML宣言 ································ 73、74
XMLテキストを表示するには ················· 88
XMLによるWebページの構成 ··············· 68
XMLのバージョン ······························ 74
XPath ··· 164
XPathのデータモデル ············· 166、167
XSL ································· 68、88、90、91

索引

xsl:apply-templates ……………108、109、171
xsl:attribute ……………………113、116、145
xsl:choose …………………………………122
xsl:copy …………………………………185、187
xsl:for-each ………………………………137、140
xsl:if ………………………………………130
xsl:number …………………………………151
xsl:otherwise ……………………………122、124
xsl:sort ……………………………………137、140
xsl:template ………………98、106、108、171
xsl:template match …………………………109
xsl:value-of ………………………………100
xsl:value-of select ………104、109、115
xsl:when ……………………………………122、124
XSLT …………………………………………90、91
XSLがCSSより優れていること ………72
XSLの書き方 ………………………………98
XSLの切り替え ……………………………158

あ

イメージの表示 ……………………………115、118

か

開始タグ ……………………………………81
空要素 ………………………………………138、230
カレントノード ……………………………174
公開識別子 …………………………………180
降順 …………………………………………138
構造化テキスト ……………………21、22、35
構造化ドキュメント ………………………39
構造上の規則 ………………………………57
構造を図で表す方法 ………………………43
コンテンツ配信 ……………………………217

さ

サーバーサイドの処理 ……………………222

終了タグ ……………………………………81、195
昇順 …………………………………………138
スタイルシート ……………………………90
スタイルシート処理命令 …………………73、75
属性 …………………………53、172、186、232
属性宣言 ……………………………………61
属性ノード …………………………………167
属性の内容 …………………………………146
属性の定義 …………………………………59

た

タグ …………………………………………20、23
タグ付け ……………………………………32
単純テキスト（プレーンテキスト）………21、32
ちょ〜（超）テキスト ……………………18
データベースへのアクセス形式 …………221
テキスト ……………………………………18、109
テキストノード ……………………………167
テキストの内容で表示を変える …………122、130
適用するXSLを変更する …………………159
デフォルト値 ………………………………61
テキストノード ……………………………216
テンプレートルール ………………………109
ドキュメント（文書）の表現形式 ………216

な

名前空間 ……………………………………191
名前空間接頭辞 ……………………………194
並べ替え ……………………………………137
ノードツリー ………………………………168

は

ファイルの拡張子 …………………………181
番号付け ……………………………………151
表示順序の指定 ……………………………137
文書型宣言 …………………………65、73、179、180

文書の型 …………………………………… 56
本文の構造 ………………………………… 47

ま

マークアップ ……………………………… 14
「万葉集など」をXML化するといいこと ………… 30
「万葉集」のXML化 ……………………… 29
万葉集の構造……………………… 42、56
万葉集の電子テキスト …………………… 27
万葉集の本文 ……………………………… 47
見栄えに着目したタグ付け …………… 33、34
目次の構造 ………………………………… 44
文字コード ………………………………… 74

や

要素 ……………………………… 186、232
要素宣言 …………………………………… 57
要素ノード ……………………… 167、168

ら

リンク ……………………………………… 19
リンクを設定する ………………………… 145
ルートノード ………… 167、168、170、174
レイアウト情報 …………………………… 38
列挙型 ……………………………………… 60
論理的な意味付け ………………………… 32
論理的な意味に着目したタグ付け ……… 33、34
論理的な構造 ……………………………… 34

著者

屋内恭輔（やないきょうすけ）
1987年から構造化ドキュメントにかかわり、
各世代のドキュメント標準応用ソフトウェア開発に従事する。

- ODAベースのDTPソフトウェア開発
- SGMLフォーマッティングソフトウェア
- XMLを応用したドキュメントマネージメントシステム

趣味で「たのしい万葉集」サイトを始めたが、学校教育用サイトとしての利用が多くなる。そこで、もっと色々な角度でたのしんでいただけるように万葉集のXML化を始めようと、協力者を募るための提案サイトとして「たのしいXML」を2000年から開設したが、XML入門サイトとしての利用が増えて、執筆にいたる。
ちなみに日本書道院漢字部師範。

イラスト

倉橋ルリ子（くらはしるりこ）
角川書店ASUKA等で少女漫画を描いていましたが、現在はイラストレーターです。
会社ではWEBデザイナーなので、超勉強中…。（さららと一緒に勉強しています！）

たのしいXML
えっくすえむえる

2001年5月31日　初版　第1刷発行

著者	屋内恭輔（やないきょうすけ）
イラスト	倉橋ルリ子
装幀・本文デザイン	広田正康
発行人	千葉桂樹
編集人	柳澤淳一
発行所	株式会社　ソーテック社
	〒102-0072　東京都千代田区飯田橋4-9-5　スギタビル4F
	電話（販売部）03-3262-5320　FAX03-3262-5326
印刷所	大日本印刷

©2001 Kyosuke Yanai
Printed in Japan
ISBN4-88166-220-1

本書の一部または全部について個人で使用する以外著作権上、株式会社ソーテック社および著作権者の承諾を得ずに無断で複写・複製することは禁じられています。
本書に対する質問は電話では受け付けておりません。内容の誤り、内容についての質問がございましたら切手返信用封筒を同封の上、弊社までご送付ください。
乱丁・落丁本はお取り替え致します。

本書のご感想・ご意見・ご指摘は
http://www.sotechsha.co.jp/dokusha/
にて受け付けております。Webサイトでは質問は受け付けておりません。